本书获南宁师范大学"广西一流学科建设项目——教育学"经费资助；广西高校人文社科重点研究基地——广西教育现代化与质量监测研究中心资助。

本书系全国教育科学"十四五"规划2021年度教育部重点课题"大学生抑郁风险特征与自助干预策略研究"（项目编号：DEA210329）成果。

大学生抑郁风险特征及曼陀罗绘画自助干预研究

鲁艳桦 著

暨南大学出版社

中国·广州

图书在版编目（CIP）数据

大学生抑郁风险特征及曼陀罗绘画自助干预研究 /
鲁艳桦著. —— 广州 ： 暨南大学出版社，2024. 7.
ISBN 978-7-5668-3974-9

Ⅰ. B842.6

中国国家版本馆 CIP 数据核字第 2024AD7880 号

大学生抑郁风险特征及曼陀罗绘画自助干预研究
DAXUESHENG YIYU FENGXIAN TEZHENG JI MANTUOLUO HUIHUA
ZIZHU GANYU YANJIU

著　者：鲁艳桦

....

出 版 人：阳　翼
责任编辑：曾小利
责任校对：刘舜怡　何江琳
责任印制：周一丹　郑玉婷

出版发行：暨南大学出版社（511434）
电　　话：总编室（8620）31105261
　　　　　营销部（8620）37331682　37331689
传　　真：（8620）31105289（办公室）　37331684（营销部）
网　　址：http://www.jnupress.com
排　　版：广州尚文数码科技有限公司
印　　刷：广东信源文化科技有限公司
开　　本：787mm×1092mm　1/16
印　　张：12
字　　数：235 千
版　　次：2024 年 7 月第 1 版
印　　次：2024 年 7 月第 1 次
定　　价：89.80 元

序　言

　　世界卫生组织（WHO）2012 年调查统计显示，全球约有 3.5 亿人患有抑郁症，且估计到 2030 年，抑郁症将是全球最大的疾病负担；大约 15% 的人会在一生中的某个阶段经历抑郁，一次抑郁发作会持续 4～8 个月，但复发是很常见的，大约 50% 的抑郁症病例会在 5 年之内再发作一次。令人感到遗憾的是，世界卫生组织还报告称，在经历过抑郁发作的人中，只有 25% 的人能够获得有效的治疗。

　　2020 年，疫情突如其来，全球有成百上千万人的心理健康受到影响。Santomauro 等人（2021）的研究显示：2020 年之后，世界范围内的抑郁症和焦虑症分别增加了 28% 和 26%。其中，年轻人更容易受到抑郁症和焦虑症的影响，且在 20～24 岁的人群中达到顶峰，这个年龄段的群体多为大学生。

　　与普通大学生相比，面临心理问题的大学生的求助水平更高，但主要采取非专业的求助方式，在进行专业求助时，仅有 19.4% 的人寻求心理咨询师的帮助，2.8% 的人选择求助医院的医生（李凤兰、周春晓、董虹媛，2016）。这些研究数据表明，大学生在遭遇抑郁的困扰后，寻求专业帮助的行为并不多，而更倾向于选择自助的方式进行缓解。

　　其实，个体情绪体验内容的呈现形式大多是前语言的，人们有时很难准确地用语言来表达。往往艺术形式更能够穿透意识的重重阻碍，直达无意识层面，帮助消解心理问题。曼陀罗绘画属于表达性艺术治疗的一种形式。曼陀罗最早来自梵语和佛教，象征着人们所认为的宇宙构成，以及佛国净土的坛城。而最早把曼陀罗应用于心理治疗的人，正是对心理学领域和艺术领域影响深远的心理分析学派创始人荣格（Carl Gustav Jung）。为了处理与弗洛伊德（Sigmund Freud）分道扬镳导致的情感冲击，荣格在那几年中几乎每天绘制一幅曼陀罗，这些曼陀罗图案象征着他的内在精神写照。通过曼陀罗绘画，来重建内心的秩序，实现心灵的有序、平衡与完整。推广者芬彻（Susanne F. Fincher）也认为，曼陀罗唤醒了自性的影响力和秩序，能够为自我创造神圣的空间和庇护场所；胡泽（Anneke Huyser）认为，曼陀罗绘画可以表达个体潜意识中隐藏着又试图表达的渴望，满足个体对完整性和整合的需要。

　　曼陀罗，作为所有原型中的中心原型，它连接了东方与西方，能够将集体无意识、个人无意识和意识整合起来，预防与修复内心的分裂，重整内心秩序，使人领悟人生意义，明晰人生方向，最终实现内心世界与外部世界的和谐。本研究试图在了解大学生抑郁风险特征、曼陀罗绘画特点的基础上，设计具有中国传统文化特色的曼陀罗自助干预绘本，并透过干预实验检验绘本对抑郁情绪的干预效果，最终实现绘本的完善与推广，改善学生的心理问题。

作　者

2023 年 12 月

目　录

第一章 抑郁与抑郁症

第一节 如何理解抑郁与抑郁症

"抑郁症"的概念是在晚清时期传入中国的，更准确些说，传入中国的是"忧郁症"这一概念，而不是"抑郁症"。有关"抑郁症"的含义，无论是在医学文献中，还是在文学艺术作品中，都是从西方和东方的角度来分别认识和诠释的。

现在，抑郁症已是常见的精神障碍性疾病，它以显著而持久的心境低落为主要临床特征，可伴有思维迟钝、兴趣丧失、睡眠障碍、身体疼痛，严重者可出现自杀倾向，呈现出高发病率、高致残率、高死亡率的特点（许鹏、章程鹏、周童，2021）。但对不同的人而言，"抑郁"这个概念有着不同的含义。许多人承认抑郁状态是真实存在的，却很难区分抑郁究竟是一种情感或情绪状态（如沮丧或悲伤），或是个体（悲观）人格的组成部分，还是一种精神障碍（悲伤，并伴有睡眠、注意力、食欲和精力紊乱等症状）（玛丽·简·塔基、简·斯科特，2021）。

一、情绪反应/精神疾病

著名认知学派心理学家贝克（Aaron T Beck）曾在其有关抑郁症的研究中，也发出过类似的感叹与质疑：抑郁症是正常脾气的一种夸张表现，还是在质和量上都有别于正常脾气？抑郁症是一种情绪反应，还是一种疾病？贝克认为这些问题并没有被普遍接受的统一答案。抑郁症研究者玛丽·简·塔基（Mary Jane Tacchi）和简·斯科特（Jane Scott）也曾表达有关抑郁症所关切的问题：究竟要达到什么程度，抑郁或抑郁症状才被视为一种精神疾病呢？或者说，从健康的状态到正常的悲伤再到疾病，这个连续体的分界线到底在哪里？在此问题上，人们并未达成共识。

正常个体的情绪低落和临床上抑郁症的主观体验的描述有着相似性。用以描述正常情绪低落的词汇与抑郁症患者用以描述他们主观体验的词汇几乎一样，如郁闷、悲伤、不幸、空虚、无助、低落、孤独等。词汇使用相似也可能并非真的是体验相似，也可能是由于抑郁症患者找不到其他更合适的词汇来表达他们的情感，所以只能用自己熟悉的词汇来描述病理性的状态。

除此之外，抑郁症患者与那些自感悲伤、沮丧、不幸的人的行为有着相似性，比如出现兴趣减退、声音低沉、无来由的哭泣、社交活动减少等。

最后，抑郁症患者的一些植物性或者躯体性的症状也会在自感悲伤或不幸的人身上出现，比如厌食、失眠、易疲劳、注意力减退等。

抑郁症和正常情绪低落状态之间的相似性，使人们认为病理性的状态只是对正常状态的一种夸大。在抑郁症的病因学问题并未得以全面解决的当下，抑郁情感反应和抑郁症被看作一个连续的统一体，连续体的正常端是短暂的不会损害人们正常生活能力的伤心、低落、悲恸或丧亲之痛，在这个连续体的另一端是临床抑郁中持续时间更长、破坏性更大的类型，比如神经症性抑郁和精神病性抑郁（戴维·H. 罗森，2015）。

二、心境低落的好处

在我们的既有认知中，往往对心境低落的坏处更加熟悉。但心境低落既然能够在人类进化史上保留下来，它又具有哪些好处呢？

在乔纳森·罗森伯格（Jonathan Rosenberg）有关抑郁流行的进化根源的探讨中，对心境低落的好处予以了充分的说明，并从进化适应性的角度寻找心境低落的适应意义（乔纳森·罗森伯格，2017）。一种理论认为，心境低落起着"终止"作用，这是一种减少努力的措施，往往是在坚持某个目标会导致浪费或危险的情况下使用，避免无谓的消耗或更大的损失。还有一种理论提出，心境低落有适应性是因为它让人有能力更好地分析自身的处境，这在人们遭遇困难的时候格外有帮助，且这种观点也得到了研究的反复验证，即心境低落能让人更好地分析自己的处境。研究者发现，悲伤心境能够提高记忆成绩、减少判断失误、使人更善于探测他人是否在说谎、使人产生更有效的交往策略等。在很多情况下，悲伤让人在处理外界信息时更仔细、更慎重，更有怀疑精神（Forgas，2013）。所以，倘若一个人悲伤时反而能更准确地评估周围的世界，那心境"正常"时，我们或许会跟现实有些脱节，更容易出现积极幻觉、过分自信或对错误视而不见等。

阿瑟·施马尔（Arthur Schmar）提出了抑郁在人类心灵中所起的调节作用。他认为，尽管个人在体验抑郁反应时会感到非常不适，但它对于成长、检验现实甚至生存，都有适应性意义。当外在刺激的强度过大、无法有效避开时，抑郁作为一种生理上的保存—撤退机制，通过"撤退和静止"来保护个体。当个体的保存—撤退机制在运作的时候，他就处于适应性的抑郁状态之中，这个状态是一个短暂的不活跃期，这种不活跃并非病态的反应，而是一种自然的或必不可少的过程。

当跟亲人分离、转学到新的学校、离开熟悉的城市、社交挫败或某个重要他人去世时，个体将面临一些严峻的情形。在这些不同的情境之下，心境低落会留出一处停顿空间，帮我们分析出了什么问题。此时，我们往往会停下手中的事，评估情境，做出判断与应对。

作家李·斯金格（Lee Stringer）反思自己的抑郁症时，以更富有诗意的语言说出了同样的观点："或许，我们称为抑郁的东西根本就不是什么障碍，更像是精神疼痛，代表各种各样的警报，告诫我们某些方面无疑出问题了；也许是时候停下来，及早罢手，越早越好，同时关心一下其他未被考虑的事，以充实我们的心灵。"

当今社会的主流趋势倾向于把抑郁的所有形式都视为病态、羞耻和毫无益处的。世俗社会一直将勤奋、乐观等视为基本美德，而无视负性情绪本身可能具有的适应性价值，极端和一元化的认知是我们需要警惕的。

三、心境低落的代价

我们并不是说抑郁全是积极的，心境低落也会诱发种种问题。虽然它曾是一种重要的防御机制，帮助个体化解威胁、减少损害，但作为一种适应装置本身，或多或少总需付出一定的代价。同时也不免使人追问：作为进化后的心理适应装置，在当代环境中，心境低落的代价是否正变得越来越大？

心境低落会导致兴趣减退和活力丧失，从而减少对一些任务的尝试并丧失掉一些机会和机遇。当外在存在危险时，减少反抗和抗争可避免无谓的消耗，但当危险与挑战并非自身所评估的那么严重，或者威胁已经消失时，若仍然保持不动，就可能错失千载难逢的好机会。

心境低落亦会伴随一些植物性和躯体性症状，比如疲劳、失眠、缺乏食欲和性欲等。不仅会导致学习、工作效率降低，也会对身体健康产生影响。

心境低落也会伴随认知缺陷。严重抑郁的人会在自我认知和思维方面产生扭曲。比如，他们会认为自己一无是处；自己糟糕透了；自己是世上的罪人；自己很笨，可能会一事无成；自己是魔鬼，等等。而这些认知往往跟客观现实差距甚远。这些扭曲的认知可能会导致一些自毁的举动，甚至采取一些行为来加深自身的痛苦。

长期遭受抑郁困扰的人，思考能力会产生损伤。有些人经常会感到"自己的脑袋像一团糨糊"，"一下子就不记得刚才听到/看到的东西了"，"好像大脑经常会短路"等。所以，似乎抑郁能够削弱大脑的执行功能，使人的反应变慢或变迟钝。当然，有些反应可能是服药所伴随的副作用，这种关联的副作用也使很多病人不愿意接受治疗，从而延误病情。

抑郁所产生的最大的代价当然是自杀的发生和生命的消亡。抑郁症患者比其他任何群体都有更大的自杀可能性。虽然大部分抑郁症患者都能够从疾病之中恢复过来，自杀是相对少有的结局，但自杀的后果是悲剧性的，生命的丧失，无论于个体、于家庭、于社会，都是过于沉重的代价。预防自杀、预防和干预抑郁紧密地与关爱生命联系在一起。

第二节　抑郁症的临床表现

在我国中医学中，没有"抑郁症"这个病名，它属于"郁症"范畴，多因情志不遂所导致郁闷和悒郁。2000 多年前的古希腊医生希波克拉底就描述了抑郁的症状，认为其核心特征是持续的恐惧和沮丧。抑郁症在进行临床诊断时，主要侧重于对症状的描述。它是一组临床综合相，也叫"现象群"，即根据现象群的描述来进行诊断。之所以用现象群进行诊断，是因为抑郁不是一种有明确病因及病理变化的疾病。在通过现象学进行诊断时，先根据诊断依据归纳临床表现，再排除相似疾病，最后结合病程标准，得出最终诊断。但如果具有较少的临床症状或症状比较轻微，未达到临床上的诊断标准，也常会用"抑郁""抑郁症状""抑郁倾向""抑郁情绪"来对个人的心理状态进行描述。

一、中医理论中的抑郁症临床特点

根据中医理论，抑郁症属于中医"郁症"范畴（谭曦、张靖、杨秋莉等，2013）。抑郁症的核心症状概括起来是郁、悲、乏、眠，魂不守舍则"郁"，魄不安宁则"悲"，阳气不振则"乏"，魂魄飞扬则"眠"（王国才、潘立民、杨海波，2018），并认为抑郁的临床表现与魂魄失常、神机受累密切相关。

"郁"的主要症状是心情抑郁、情绪不宁、神志恍惚、胸闷不舒、胁肋胀痛等。郁的病位在肝，肝主疏泄，如果肝的疏泄失常，则情志不畅，心失所养。徐春甫在《古今医统》中谈道："郁为七情不舒，遂成郁结，既郁之久，变病多端"，指出郁虽有很多原因，但主要原因是被七情所伤。病机的关键在于肝失疏泄，从而造成魂无居处，进而出现魂不守舍的症状。

"悲"的主要症状是无故出现情绪悲观、心境忧愁、悲伤欲哭，甚至悲伤难解。悲的病位在肺，肺主气藏魄，肺魄不宁，则易产生悲伤的情志变化。

"乏"是多脏腑气虚的主要症状。具体表现是疲乏无力、精神萎靡、少气懒言、语声低微、胆怯肢麻，严重者甚至缺乏继续生存的勇气和信心。气虚则属于阳气不足、阴气偏盛。乏的病位在心，《素问·调经论》认为：心藏神。《素问·灵兰秘典论》认为：心者，君主之官也，神明出焉。心气不足，可导致精神神志异常。

"眠"指睡眠障碍，睡眠时间过短、睡眠深度不足为主要症状表现。轻者入睡困难，或睡而不酣，时睡时醒，或者醒后不能再入睡，重者可能彻夜无法入睡。抑郁症患者多数会慢性失眠，病机是"阳不入阴"，即阳气虚无力入阴或阴气虚无力涵阳。具体而言，其为血脉营气精神不足（肖莹，2013）。《灵枢·本神》谈道：血、脉、营、气、精、神，此五脏之所藏也。至其淫泆离藏则精失、魂魄飞扬。魂魄飞扬者，夜间失眠多梦，白天无精打采，精神难以集中。

在中医眼中，抑郁症总体是一派"虚"象，如反应迟钝、动作减少、精神意志减退、健忘、不思饮食等症状，这些症状与气虚密切相关。抑郁症患者以气郁、气虚为主要的异常表现，且存在"郁"致"虚"，先"郁"后"虚"等特点。

二、心理学中抑郁症临床特点

贝克通过对抑郁症患者和非抑郁症患者的对比研究，遴选并归纳了那些在抑郁症患者身上出现频率远高于非抑郁症患者的症状，并从情绪症状、认知表现、动力性表现、植物性和躯体性症状四个维度对症状进行了梳理。

在情绪症状方面，主要表现为：①沮丧的情绪：比如忧郁、悲伤、情绪波动、烦躁不安、忧心忡忡、绝望和悲惨等。②对自我的消极情感：如"我一无是处""我让每个人都失望了""我是一个软弱的人，我什么都做不好""我是一个可怕的人，我不该活着，我恨我自己"等。③欲望满足感缺失：比如抱怨生活失去了乐趣，不再能够从家人、朋友或工作中获得快感，大部分时间感到所做的事情很乏味，以前能够感到快乐的活动也变得感受不到任何乐趣，甚至会感到厌恶。④情感依恋缺失：不再像以前一样强烈地爱和关注配偶、孩子或者朋友，但同时又会更加依赖他们；像有一道"墙"隔在自己与他人之间；甚至由于对外界失去依恋而发展为冷漠无情。⑤哭泣：流泪或哭泣感增强，平常不会影响患者的刺激都能让患者流泪；特别严重时，会出现想哭泣而无法哭泣，想流泪却没有眼泪的情况。⑥欢乐感缺失：患者无法对幽默做出正常的反应，会认为笑话一点都不好笑，也不能真正地感到开心，严重者甚至对他人讲的所有幽默的笑话都没有反应。

在认知表现方面，主要表现为：①自我评价低：患者经常进行自我贬低，他们常用"我低人一等""我胜任不了这件事"来进行自我评价，并容易夸大错误的程度和严重性。②消极期望：他们看待事情总是想到最糟糕的一面，下意识抵制任何积极的想法。他们会有先入为主的想法是"事情不会好转的"，从而对未来失去期待和想象。③自责和自我批评：他们特别喜欢把负性事件的发生归为是自身的原因，从而在此归因上斥责自己。他们似乎不能忍受自身的任何缺点，不能接受那些是人都会犯的错误。严重者可能会觉得自己对发生在他人身上或世界上所有的苦难负责，认为自己是罪人。④优柔寡断：抑郁症患者在做决定时往往会犹豫不决，在各种选择间摇摆不定。一方面，患者总是预感自己做的决定可能是错误的，而且会后悔所做出的选择；另一方面，做决定对患者来说是一种负担，且做决定后会面临随后要采取的行动，而他们总是拒绝行动，所以这也会让他们拖延做决定。⑤自我形象扭曲：抑郁症患者会过分关注自己的外貌和魅力，且多对自己的外貌和魅力有超过客观现实的过低评价。

在动力性表现方面，有如下特征：①意志麻木：典型特征就是丧失积极动力，尽管他们规定自己应该做什么，但内心却并不想去做。他们会在日常活动中失去自发性欲望，严重者可能没有动力做任何事。②回避、逃避：患者普遍的想法是希望打破常规的生活模式，他们将所承担的责任视为沉重的、无意义的，想要逃离，或者拖延去行动。有些人通过做白日梦、喝酒、刷手机等来进行转移和逃避。最严重的逃离方式就是自杀，通过结束生命来逃离所面临的生活困境。③自杀意念：自杀意念在抑郁症患者中更为常见。他们通常会产生以下的念头："我希望可以一睡不醒""如果我死了，可能一切问题就解决了""如果我死了，我的家人会过得更好"等。④依赖性增加：依赖更多强调的是患者希望得到他人的帮助、指引和引导。即使有的时候他们并不需要帮助，但也会期望能够得到帮助。有时，他们会询问有关解决问题的方法，但又不会将方法付诸实践，似乎获得帮助本身是他们更需要的。

在植物性和躯体性症状方面，有如下表现：①缺乏食欲：缺乏食欲往往是抑郁初期的一个信号，而食欲恢复也是摆脱抑郁的第一个信号。缺乏食欲主要表现在不再有习惯的滋味和快感，对食物几乎没了欲望，甚至不会意识到自己没有吃饭，严重者可能会对食物产生厌恶感，需要强迫吃饭。②睡眠紊乱：入睡困难是出现抑郁的典型表现，同时也可能存在睡眠不安稳，睡后醒来难再入睡，或频繁醒来等表现。也有患者会出现睡眠过多的情形。③性欲减退：对人缺乏兴趣，性欲减退或对性刺激反应迟钝。性欲减退与食欲缺乏都与力比多缺乏有一定的关系。④疲劳：患者会体验到疲劳感增加，也会出现肢体沉重、躯体僵硬等反应。患者比平时更容易感到疲劳，或者在早上醒来后就会感到全身疲累，且任何活动都会增加他们的疲惫感，休息、放松和娱乐似乎都不能缓解这种感觉。

第三节　抑郁症的病理机制

随着心理学和生物学的发展，学术界对抑郁症发病机制的认识也在深化。早在 1917 年，精神分析学派创始人弗洛伊德发表了《创伤与抑郁》，揭开了从心理学角度研究抑郁的序幕。之后其他心理学派也对抑郁症的发病机制进行了不同角度的分析。现代生物学认为抑郁症不仅是一种心理疾病，也是一种生理疾病，抑郁症具有明显的生物学因素。

一、抑郁症的生理病理机制

随着神经科学和生物医学的发展，抑郁症的生理病理机制逐渐清晰，已有实证研究支持，抑郁可能主要涉及 4 个方面：大脑、下丘脑—垂体—肾上腺（Hypothalamic-pituitary-adrenal，HPA）轴、免疫系统、肠脑功能的改变。大脑的变化主要表现在神经递质失衡、神经可塑性降低和神经环路异常；HPA 轴异常主要表现在负反馈机制失调；免疫系统变化主要表现为慢性炎症；肠脑功能异常主要是胃肠功能失调和肠道微生物异常（梁姗、吴晓丽、胡旭等，2018）。

（一）大脑异常

抑郁症与神经递质失衡密不可分。单胺类神经递质缺乏假说认为，包括快乐在内的积极情绪与单胺类神经递质 5 - 羟色胺（5 - HT）、去甲肾上腺素（NE）和多巴胺（DA）等紧密相关。抑郁症的发生是由这些单胺类神经递质缺乏所引起的。如果提升这些神经递质的水平，就能了解抑郁（Hamon & Blier，2013；Lener，et al.，2017）。

除此之外，前额叶、海马和杏仁核在抑郁症个体中，也存在一些特异性的表现。在一些抑郁症患者中，海马和前额叶功能受损，出现海马萎缩，前额叶激活不足，杏仁核增大和功能增强的情况（Gianluca，2012）。已有研究发现，抑郁症患者部分脑区如杏仁核对负性图片有更多的激活区域和更高的激活强度（谭曦、张靖、杨秋莉等，2013）。且在边缘系统激活增强时，前额叶激活不足，前额叶与边缘系统（杏仁核）直接联通能力的降低，可能导致个体具有较差的情绪调节能力，并且会对压力更加敏感。

进一步研究发现，抑郁症患者的神经胶质细胞生长也受到影响，突触的可塑性降低，神经髓鞘受损，总体神经可塑性降低（Liu B，Liu J，Wang M，et al.，2017）。而针对抑郁症的治疗，往往也是通过增加神经可塑性来实现对抑郁的改善。

（二）HPA 轴异常

HPA 轴是有机体应激反应的主要组成部分，不管是生理应激还是心理应激，都会激活 HPA 轴，下丘脑活动异常增加，促进分泌促肾上腺皮质激素释放因子（Corticotropin-releasing factor，CRF）和后叶加压素（Arginine vasopressin，AVP），从而促进垂体分泌促肾上腺皮质激素（Adrenocorticotropic hormone，ACTH），ACTH 刺激肾上腺皮质分泌过多的皮质激素，血清皮质醇始终处于一种高水平的状态，引发机体内分泌、免疫、神经等多系统功能紊乱（Wang，et al.，2015）。HPA 轴活动过度是抑郁症研究中最一致的生物学发现之一。很多研究指出，HPA 轴活动过度很可能决定了抑郁症的形成和发展，其功能异常是相关认知损害的神经生物学决定因素。且其功能异常在抑郁症之前就已存在，与个体的幼年不良经历有关。

（三）免疫系统异常

患有抑郁症的患者，常常伴有免疫系统异常，多存在免疫失调和慢性炎症。重度抑郁症患者的阳性急性期蛋白血浆浓度升高，而阴性急性期蛋白血浆浓度降低（Maes，1995）。而阳性急性蛋白升高和阴性急性蛋白降低被认为是炎症状态的标志，进而推断抑郁症可能与慢性炎症有关。细胞因子假说认为，抑郁症患者体内抗炎症细胞因子水平降低，免疫反应整体趋向于炎症方向（Maes，2005）。神经炎症假说强调心理应激、疾病和感染等各种因素引起小胶质细胞释放过量促炎症细胞因子对中枢神经系统产生了不利影响（Leonard，2018）。炎性体假说更关注炎性体引发的中枢炎症的影响（Holmes，et al.，2018）。不同假说虽然侧重点不同，但都认为神经胶质细胞功能受损引起的神经炎症和神经可塑性降低可导致抑郁（梁姗、吴晓丽、胡旭等，2018）。

（四）肠脑功能异常

随着对肠道微生物研究的进展，研究者不仅关注从脑到肠的影响，也开始关注从肠到脑的影响。肠脑轴是哺乳动物脑和肠道之间通过神经系统、HPA 轴和免疫系统等交流的双向信息转换途径。而肠道菌群的变化会影响肠脑轴的变化，进而影响大脑和行为，反之，大脑的变化也会反过来调节肠道微生物的功能和结构（莫子晴、蔡皓、段煜等，2020）。已有研究发现，在肠道菌群的种类多样性及分布上，抑郁症患者与健康人群有明显差异，抑郁症患者在菌群多样性和丰度上都有所下降（Tillmann，Abildgaard，Winther，et al.，2018）。与健康的个体相比，在门的水平上，抑郁症患者的拟杆菌门和变形菌门含量升高，而厚壁菌门含量降低；在科的水平上，普雷沃氏菌科含量升高；在属的水平上，普氏菌属含量降低，双歧杆菌属和乳酸杆菌属含量降低（Aizawa, et al., 2016; Liu, et al., 2016）。甚至抑郁动物的菌群组成都与抑郁患者有相似的地方。这些研究发现说明抑郁可能与特定的菌群表型有关。

二、抑郁症的心理病理机制

在心理病理机制方面，不同理论对抑郁的认识和解释也有所不同。在各种理论中，比较有影响的是中医理论、精神分析理论、控制理论、认知理论和自我注意理论。

（一）中医理论

中医理论认为抑郁症属于"郁症"范畴，起因于淤泻不通、情志失调。中医认为，情志是人类机体的精神状态，是人体对外界事物和现象所做的情绪反应，包括"七情"和"五志"（谭曦等，2013）。"七情"是七种正常的对精神刺激的情绪反应，分别是：喜、怒、忧、思、悲、恐、惊。七情变化与脏腑功能活动密切相关，七情分属于五脏，以喜、怒、思、悲、恐为代表，叫做"五志"。在一般情况下，正常的情绪变化不一定致病。但突然、剧烈或长期的精神刺激，导致情绪反应过于强烈和持久，再加上人体肝的疏泄功能不强，便会扰乱气血和脏腑的机能活动，导致阴阳失调而发病。抑郁则属于阴性状态，是由过忧、过悲、过思等阴性情志造成的，可以运用情志相胜之法，通过喜、怒等阳性情志来干预和治疗，从而促进肝的疏泄，有助于舒畅全身气机。

（二）精神分析理论

精神分析理论强调爱以及情感丧失在抑郁形成中的作用。它认为，在情感丧失发生后，造成各种内部的心理变化，最终导致抑郁的形成。在《哀伤与抑郁》一书中，弗洛伊德认为哀伤是对丧失的惯常反应，哀伤者经历的多是真实对象的丧失，但抑郁不同于哀伤，抑郁者遭遇的不是对象的丧失，而是爱的对象的丧失，是理想化的对象的丧失。同时，在弗洛伊德看来，个体在体验丧失的同时，心理会退行到口欲期水平，并表现出力比多的口欲期特征：他会将所丧失对象的意象以自恋性认同的方式"吞并"入自我的结构中。而这个所丧失对象的意象作为一个异己的成分遮蔽了先前的部分自我，自我因此而沦陷，以失去部分自我为代价，他们将那个丧失的爱的对象留在自己的内心，进而一劳永逸地避免丧失的再次发生。于是，对象的丧失就转变为自我的丧失，自我与所爱对象之间的冲突就转变为自我结构中的内在冲突（陈静，2015）。对抑郁者而言，他们往往对所爱对象的情感是矛盾的，既存在强烈的爱，也存在强烈的恨。这个恨表现为对并入自我结构的所丧失对象的各种谴责与贬低。弗洛伊德认为丧失往往会导致严厉的、不合理的自我批评和惩罚。他强调：对自我的批评并非指向自我本身，而是指向已被融入了个体的自我之中的、已经丧失的客体。所以，弗洛伊德强调，抑郁是由于个体将指向客体的敌意转而指向自我而形成的（李林仙、黄希庭，1995）。

Rado（1928）对弗洛伊德的理论进行了改进，他把易抑郁的个体比作自我价值感严重依赖父母赞赏的儿童，他们会过分依赖他人的赞同。在失去他人的赞同时，这些个体会做出愤怒、抱怨的反应。当这些策略无效时，他们会使用自我惩罚、后悔、负疚感等手段来重获他人的爱与同情，从而最终恢复自我价值感。所以抑郁被看作在丧失他人赞赏后为了恢复自尊而进行的自我惩罚。

Bibring（1953）认为，抑郁不仅仅是由于丧失了他人的爱而导致的，他认为抑郁源于当个体不能达成自身的目标时，自我的无助而产生的自我机制的障碍。

（三）控制理论

控制理论强调了归因和预期对自尊和动机的影响。赛里格曼（Martin E. P. Seligman）提出了习得性无助理论，对于解释抑郁产生了深刻的影响（Seligman，1975）。习得性无助的基本观点是：当经历了不可控的结果后，个体便形成了低的预期，以便能对以后的结果施以控制，而这些低的预期会让个体产生动机、认知、情感上的匮乏，从而导致抑郁的出现。当最初体验失控时，个体的动机、努力和活动会增强，但当失控增多时，动机和努力就会减弱，无助感也会增强。

后来，Abramson等（1978）提出了另一个无助感模型，认为当个体不能产生一个非常符合需要的结果或不能避免一个非常令人讨厌的结果时，无助感和抑郁最可能发生，而无助感的表现形式取决于个体对自己不能控制结果这一现象的归因，并提出了归因的三维分类：①内部归因的成分越多，自尊的丧失就越多；②归因的稳定性越大，无助感就会越强；③归因的普遍性越大，无助感推广的行为的范围就越广。归因会影响个体对未来结果的预期，这些预期又会反过来影响其自尊、动机、情感和活动。

（四）认知理论

贝克的认知理论认为，在人生早期，个体发展了各种各样关于自身及世界的概念和态度。人们对自我、环境和未来的态度是处于抑郁症发病源中心的概念。一旦特定的态度和概念形成，就会影响后续的判断，从而变得更为牢固（阿伦·贝克、布拉德·奥尔福德，2022）。即每次的负性判断会加固关于自我形象的负性概念，而负性的自我形象会促进对后续经验的负性解释，负性的解释又会进一步巩固负性的自我概念。抑郁倾向个体的易感性可归咎于其对自我、世界和未来的众多持久的负性态度，比如："我是不好的""我是不受欢迎的""我的未来一片黑暗"等。这些态度一直以一种潜伏的状态存在，只要条件合适，就会被引爆。一旦这些概念被激活，它们就会主导个体的思维并导致典型的抑郁症状。负性的概念只有与负性的价值判断联系起来才会变成病原性的（那些身体有缺陷但不会施以负性价值判断的个体，不会出现抑郁倾向）。自我责备和负性期待是抑郁易感性的两个重要成分。当个体将挫折归咎于自身的缺陷，并因此否定自己的价值，从而看不到任何改变的可能并认为未来必然充满痛苦时，抑郁症随之产生。

（五）自我注意理论

自我注意理论强调自我注意在抑郁症形成中的作用。该理论认为，个体在社会、工作、人际关系等领域内经历了有压力的事件或丧失后，其自我注意水平就会提高。当其注意力指向自我，并且行为标准很明显时，个体就会把当前状态与目标状态进行比较。如果两者之间存在差距，个体就会努力消除这一差距，如果无法消除这一差距，并且失去的东西对个体具有重要的意义，且又无法用其他的东西来代替时，个体便会陷入自我注意之中。这种自我专注会影响个体的认知、情绪和行为，从而导致抑郁的产生（Pyszczynski，Greenberg，1987）。

抑郁有可能是执着于未能实现的目标。目标本身是什么并不是很重要，对任何目标的执着，都容易导致抑郁的发生。那些长期遭受抑郁困扰的个体，极可能执着于把一个失败的目标作为自己生活的重要主题。

第二章　大学生抑郁

第一节　大学生抑郁的现状、检出率及影响

大学生处于未成年到成年的过渡阶段，心理还未完全成熟。此阶段是学生转变为社会成人的关键转折期，面临着人际、学业和就业等各个方面的压力，容易出现抑郁症状。部分出现较少或较轻微临床症状的个体，在临床上未达到抑郁症的诊断标准，多会用"抑郁""抑郁症状""抑郁情绪""抑郁倾向"等进行描述；部分严重个体会被诊断为抑郁症。无论是否符合或进行过诊断，这些个体都不同程度遭受着心理痛苦和相应的影响。

一、抑郁的现状及检出率

相对于儿童和成人，青少年表现出更强的情绪敏感性，青少年时期也成为抑郁发生的敏感时期，且青少年抑郁是成年抑郁的先兆。

（一）年龄

国际研究表明，抑郁症首次发作的平均年龄在 25～30 岁，一些报告显示，与高收入国家相比，低收入国家抑郁症群体首次发作的平均年龄要早两年左右。一项在美国进行的大规模社区研究显示，18～25 岁人群的抑郁症患病率（约十分之一）高于其他任何年龄段人群。在全球范围内，大约 40% 的个体最初的抑郁是发生在 20 岁之前，大约 50% 的个体发生在 20～50 岁，只有 10% 的个体称自己的首次抑郁经历发生在 50 岁之后（玛丽·简·塔基、简·斯科特，2021）。

青少年时期是抑郁发生的敏感时期，可能与青少年大脑的发展密不可分。青少年的大脑容量一般在 12 岁时达到成人水平，但大脑结构的变化需要更持续的发展。青少年的注意控制、认知控制和反应抑制等功能会持续改善，但与成人相比，这些变化仍不成熟，尤其是在社会认知和情绪方面（赵参参、张萍、张文海等，2017）。

（二）性别

一直以来，研究都称女性的抑郁症患病率是男性的两倍。不管是未经治疗的群体，还是接受治疗的群体，都存在这种性别差异。对青少年抑郁症的研究结果显示，在青春期后期，年轻女性的抑郁症发病率是年轻男性的两倍。这种性别差异除了女性更容易感知或报告痛苦，或更容易寻求治疗等因素之外，也可能受激素变化或脑区结构功能的影响。

流行病学调查发现男女抑郁症患者发病率的差异在青春期（11~14岁）才开始出现，据此推测男女发病率的差异可能与青春期性激素的分泌有关。女性在生理周期等情况下的激素水平变化可能会对女性抑郁症的发病及病情发展产生一定的影响。女性抑郁症与体内的雌孕激素分泌失调有关，而男性抑郁症则与睾酮水平有关（梅兰、邱丽华，2018）。形态学研究发现，青春期部分脑区存在性别差异，男孩的杏仁核、壳核、丘脑、脑岛喙的前扣带和颞上回的体积较女孩大，而女孩的海马、尾状核、尾前扣带回等的体积较男孩大。男孩杏仁核体积随年龄增长而增加，而女孩海马体体积随年龄增长而增加。且在大脑发育过程中，不同皮质区域的发育也是不同步的，前额叶的发育在男女性别上也存在差异。这些潜在的神经生物学机制解释了青春期抑郁症的性别差异（王熙、陈尚徽、高红琼等，2016）。

（三）检出率

针对大学生抑郁症状的检出率，由于受研究对象、研究地区、样本量，及其他混杂因素的影响，不同研究显示的研究检出率的结果差异较大，不同类院校、不同学段大学生抑郁症状检出率在17.70%~48.24%。因此，有的学者对大学生抑郁症状检出率进行了元分析，如王蜜源等人（2020）对2009—2019年的文献分析发现，大学生抑郁症状的检出率为24.71%。在国际上，有学者分析了近20年的有关文献，加权的平均患病率为30.60%（Ibrahim, Kelly, Adams, et al., 2013）。整体来看，虽然检测工具不一，但检出率整体偏高且有逐渐上升的趋势。

二、抑郁的影响

在有关全球疾病负担的相关研究中，《柳叶刀》杂志上的一篇文章指出，抑郁症是全世界25岁以下年轻人中负担最为沉重的疾病（双相情感障碍排名第四）。长期以来，抑郁症都被称为"精神病领域的普通感冒"。"全球疾病负担"研究表明，这种类比并不能反映出现代世界中抑郁症体验的现实，且有点过于天真。抑郁症的确非常普遍，这一点跟普通感冒一样；然而抑郁症并非某种温和或自我限制的疾病，它不会自行消失。

（一）抑郁与病耻感

抑郁可能会导致一种隐形的失能，即担心如去做诊断并被确诊，向他人或社会透露后会招致不利的后果。有的大学生曾担心如果承认自己存在心理健康方面的问题，会面临学校劝退或影响求职等潜在的糟糕后果。也有的患者害怕自己会因此遭受同学或朋友的排斥。抑郁症患者在寻求帮助时的主要阻碍是会感到尴尬和羞耻，并认为专业人士可能会对自己做出消极的反应。

有关我国抑郁症患者的一份调查结果显示，很多抑郁症患者更习惯于谈论自己的躯体症状。研究人员认为，受中国传统文化影响，抑郁症患者可能习惯压抑或掩盖自身的心理问题，或者对自己的心理问题轻描淡写。如果将抑郁症的发作解读为个人懦弱的表现等，这种态度本身就会助长自我偏见，也会使个体容易因患病而感到羞愧，从而不愿承认自己的问题或主动寻求治疗。

大量研究也证实，抑郁症仍然会牵涉社会污名的问题。根据英国社会精神病学家格雷厄姆·克罗福特（Graham Croft）的观点，要解决病耻感的问题，需要考虑三个关键要素：知识问题（无知）、态度问题（偏见）和行为问题（歧视）。新西兰卫生部对其他国家和地区发起了有关抑郁症公共卫生活动的评审工作，这项评审工作的具体内容涉及：对抑郁症相关症状的了解；知道抑郁症的风险因素能够得到改变；对求助抱有信心；对医疗专业人员的了解和态度；对自助和有效治疗的了解和态度；家庭和朋友对自助、求助和治疗的了解和态度；社会对抑郁症的态度（玛丽·简·塔基、简·斯科特，2021）。这份评估报告可以帮助我们了解成功的反污名运动应该包含哪些重要的组成要素。

（二）抑郁与创造力

自古以来，人们一直有探讨抑郁与创造力之间的联系。许多艺术家、作家等都经历过抑郁发作或双相情感障碍发作。一些有趣的研究也试图回答这样的问题：在富有创造力的人身上，情绪障碍的发生率是否比我们预期的要高？美国的南希·安德瑞森（Nancy Andreasen）和阿诺德·路德维希（Arnold Ludwig）在20世纪80年代和90年代的两项小样本规模的调查研究发现，在接受调查的作家中，有20%～50%的人患有某种形式的情绪障碍。这些作家中罹患抑郁症的可能性是对照组的三倍，罹患双相情感障碍的可能性是对照组的四倍。

个体处于轻度躁狂状态时，思维反应可能会加速，也许可以在不同的想法之间建立起更为深远的联系，同时也会表现出一定程度的去抑制状态，从而对周围事物变得更加敏感，精力也会变得更加旺盛，对睡眠的需求变得更少。当所有这些一起发生的时候，一个人便可以达到比其他人更富有创造力的状态。我们比较容易理解轻度躁狂状态是如何促进个体的创造力的，但不太清楚的是抑郁的体验是如何提高创造力的。可能是抑郁所带来的情感和情绪的深度与强度，帮助他们拓展了自身的创造力。抑郁症或轻度躁狂的体验似乎可以产生某种洞察力，或者改变人的精力水平，从而可能让那些天生具有创造力的个体进一步增强他们的创造力。但严重的抑郁和严重的躁狂，会使个体陷入迟缓或混乱的状态，使其创意无法发挥或被理解。这也可能意味着，适度而不极端的情绪波动可以促进创作的过程。

当然，并非说患有情绪障碍的个体都比他们的同龄人会表现出更多的创造力，且大多数具有创造力的个体并没有罹患情绪障碍。只是对于那些患有情绪障碍且具有创造力的个体而言，情绪障碍的某些症状可能会把他们的创造力提高到一个新的水平。

（三）抑郁与自杀

青少年是自杀风险最高的群体。罹患精神障碍会增强自杀的风险，而其中最主要的精神障碍当属抑郁症。在全世界范围内所做的各种研究也一再证实，精神障碍是自杀的主要原因，抑郁症成为预测自杀的最重要的风险因子。

青少年处于依赖的儿童和独立的成人之间的不确定性定位之中，往往遭受更强烈的困扰：我是谁？身处不确定的社会之中，该如何活下去？面对以下诸多问题，可能会导致青少年产生自杀念头或采取自杀行为：

①一段亲密关系的破裂
②家庭不和
③严重的身体健康问题或心理健康问题
④缺乏精神信仰
⑤生活缺乏方向感和目标
⑥学习成绩不良
⑦上大学的压力或从大学毕业的压力
⑧求职压力

同时，青少年容易将挫折所导致的部分自我的受伤看成是全部自我的受伤，可能会由感情破裂、考试失误或面试不顺等单一事件的发生而知觉为自己毫无价值。同时，绝望、孤独、无法表达的愤怒和内向的自我攻击也是预测自杀的风险因素。

与父母自我认同的脱离是青少年发展独立的自我所必需的。卡尔·门宁格（Karl Menninger）说过："自杀或许永远都是一种心理谋杀，杀死憎恨的父亲或母亲，杀死内心的折磨者；自杀的过程几乎永远都伴随着自我整合的成分，还伴随着爱以及活下去和被人爱的愿望。"针对抑郁的治愈过程可将自杀计划转化为象征性地杀死虚假自我，使真实自我得以诞生。也就是说并非发生真正的死亡，而是通过象征性的死亡来实现新生。

第二节　大学生抑郁的心理求助行为

心理求助行为指客观上存在心理困扰者以解决问题或解除痛苦为目的向个人之外的力量寻求帮助的过程。具体的心理求助行为包括：寻求心理咨询师、精神科医生等专业人士的专业帮助，还有寻求家人、朋友等非专业人士的非专业帮助。一项追踪研究结果表明，与普通大学生相比，面临心理问题的大学生的求助水平更高，但主要采取非专业的求助方式，在进行专业求助时，仅有19.4%的人寻求心理咨询师的帮助，2.8%选择求助医院的医生（李凤兰、周春晓、董虹媛，2016）。这些研究数据表明，大学生在遭遇抑郁的困扰后，寻求专业帮助的行为并不多。

江光荣等（2006）提出心理求助行为"阶段—决策"模型，模型假定心理求助行为包括前后相继的三个阶段：首先是问题知觉阶段，即当事人产生对心理问题的知觉，意识到自己是否有心理问题或是否有了麻烦；其次是自助评估阶段，即当觉察到自己有心理问题时，应评估自己可不可以有效解决该问题；最后是他助评估阶段，即当其觉得自己不能有效解决时，才会去考虑求助他人。本文对前人有关心理求助行为研究现状的综述发现，大学生求助主要倾向于自助，而较少进行专业求助。

是哪些因素影响大学生的专业求助行为呢？主要的影响因素包括：污名、自助偏好、心理健康素养和客观现实等。Gulliver等人（2010）的综述研究表明，对求助障碍按照频率排序中，最常提到的障碍是污名。国内学者陶钧等人（2017）的研究结果也显示，心理疾病污名越高，大学生寻求专业心理帮助的态度越消极。还有一个重要的原因是大学生独立自主性的发展，导致其更多地选择依赖自身来处理问题，较少寻求专业的帮助。此外，很多抑郁症患者由于羞耻感、费用、交通、合格的治疗师有限等各种原因而使其无法获得及时、有效的治疗。

第三节　大学生抑郁的干预手段及策略

抑郁干预最常见的方式是个体心理治疗，其次是多成分干预，后者通常包括心理治疗和精神药物治疗。Cuijpers等人（2011）的研究发现不同类型的心理治疗对成人抑郁症的治疗是有效的，包括认知行为治疗、人际心理治疗、问题解决治疗、行为激活治疗等，且心理治疗类型之间的差异很小。此外，研究表明心理治疗对轻中度抑郁症的疗效与药物治疗的疗效大致相当。心理治疗是治疗师与患者进行多次面对面的会谈，它要求有经过专业培训的治疗师，患者有可以接受治疗的时间，有一定的经济能力且方便在居住地和医院之间来回等，这些因素都限制了其在抑郁人群中的应用。一些自助形式的心理干预方式随之发展起来，其中既包括线下的自助干预形式，也包括与网络结合的线上自助干预形式。

一、他助形式的心理干预

针对抑郁症的干预，除了常规的药物治疗外，他助形式的心理干预是专业帮助的重要手段。针对抑郁的心理治疗主要包括精神分析治疗、人际关系治疗、认知行为治疗、森田疗法和正念疗法。

精神分析针对抑郁的干预，多集中于让患者意识到抑郁症的潜意识内容。此种干预以人格重建为目标，并聚焦于童年期的创伤经历对抑郁形成的影响。试图帮助其了解自责、自罪所导致的抑郁的本质是对重要爱的对象的攻击转向了自身。在协助其完成攻击的表达时，帮助个体最终完成同重要客体心理上的分离。精神分析治疗所需时间较长，一般需要 3~6 年，治疗彻底可预防抑郁的再次发作。

人际关系治疗将抑郁看作当前所发生的不愉快的人生境遇引发了与丧失和负性体验相对应的图式，即时的情感结构被激活，进而引发了抑郁症的主观体验。人际关系治疗集中解决人际关系所导致的危机，比如丧失、角色冲突、角色转换或关系技巧的缺陷等。一般包含 12~16 次的心理治疗疗程，治疗中主要探讨抑郁心境与相关生活事件之间的关系，帮助当事人改变人际行为和环境，人际功能及外在环境的改变会减轻抑郁的症状。

认知行为治疗针对抑郁的干预效果更多得到了实证研究的检验，也是应用比较普遍的一种心理干预手段。它认为抑郁症的发生并非由应激压力事件直接导致，而是经过个体的认知加工，在消极和非理性的认知模式下促成的。贝克的认知理论假定患有抑郁症或有抑郁倾向的个体有一定的特殊认知模式，这种认知模式在遭遇针对弱点的特定压力或压倒性的非特定压力时，可能被激活。当被激活时，往往会主宰个体的思考，产生与抑郁症有关的情感和动机。认知行为治疗可针对抑郁症的症状，帮助当事人客观地了解他的自主反应并作出调整。在修正负面认知的过程时，帮助当事人识别认知和痛苦情绪间的特定联系，并培养更成熟的思维，适应环境的思维会更加复杂和多变，认识到很多外在的标准是相对的而不是绝对的。

森田疗法是一种东方独创的治疗抑郁的心理治疗方法。森田疗法的创始人森田正马（Morita Shoma）对抑郁的看法是，抑郁症患者时常放任自己的感受，使自己的感受严重脱离了客观事实而产生的症状。而不安等负性情绪强烈的人，总是期望在最佳的条件下再付诸行动，当情绪不稳定时，总是期待等情绪好转再说。森田疗法的目标是：纠正"症状不消除就无法进行正常生活"的消极想法，而是树立"无论有无症状，先从眼下事情做起"的现实优先观念。精练为：顺其自然，为所当为。森田疗法不直接针对情绪症状开展工作，而是鼓励当事人带着症状投入现实生活和任务。

正念疗法与森田疗法有相近之处，其思想渊源都更接近东方文化。正念治疗认为个体会习惯于去摆脱痛苦，但这些摆脱痛苦的努力非但不能让我们获得解脱，反而会把个体因禁于想竭力挣脱的痛苦之中。而抑郁症的反复发作，也多是对目标和结果的过分执着所导致的。正念疗法的干预方向是对所遭遇的一切都保持觉知、接纳，从而安然地面对。而这份安然面对的觉知可以改变个体与身心现象的关系，带来疗愈和转化的力量。

二、自助形式的心理干预

自助形式的干预是利用心理学的技术，借助书面材料或多媒体程序引导和鼓励人们做出改变，从而改善自我管理的干预方法，主要分为线上自助干预和线下自助干预。

线上自助干预是将心理学疗法与互联网相结合，通过电脑交互的界面，以清晰的操作步骤，高度结构化的多种媒介互动方式（如网页、漫画、动画、视频、声音等）来表现心理治疗的基本原则和方法。需要注意的是，这些计算机化干预程序并非使用"自然语言"，而是使用人工智能技术来模拟人类咨询师，无法做到移情、临床诊断，或是与当事人建立工作同盟。显然，设计这些干预程序的目的是促进当事人掌握更好适应社会的认知和行为调整方法、提供心理教育、提升自助练习的效用、帮助治疗师减少需要重复解释的专业知识（Wright, et al., 2002）。这些网络化的治疗基于各种不同的心理治疗取向，包括接纳与承诺疗法、人际疗法、冥想和心理动力疗法等，而以认知行为治疗最为广泛（Guha, 2017）。针对抑郁症的网络化认知行为治疗也受到较多的关注，在其干预程序中，通常包括单元的日程安排、负面思考、识别负性自动思维、挑战非理性信念、确认核心信念和归因风格、问题处理、睡眠管理、逐步暴露、渐进式放松等模块。其中最常见的自助软件是 Deprexis、MoodGYM 和 Beating the Blues。这些软件主要是通过教会用户运用认知行为疗法来减轻抑郁症状，适用于成年抑郁症患者。它们会鼓励用户将程序中学会的技能应用于真实的生活情境，最终达到自助干预的目的。

　　线下自助干预即在线下所开展的干预研究。在所有的自助资料中，最常用的是书面材料。书面材料既有为抑郁症患者设计的特异性书籍，也包括手册、传单。Smith 等人（2017）对重性抑郁症患者的一项研究表明，无指导的认知行为治疗自助书阅读干预与有指导的网络化认知行为治疗均能有效缓解抑郁状况。除此之外，由于近些年正念疗法的兴起，自助正念疗法也开始更多应用于针对抑郁的干预。Kvillemo 等人（2016）的研究显示，自助式正念干预可以明显改善大学生人群的焦虑、抑郁等负性情绪；可以缓解胃癌手术患者和妇科癌症化疗患者的焦虑、抑郁情绪，改善睡眠质量（胡鑫玲，2020；王杰，2020）。

　　结合国内外研究来看，基于各种疗法的专业网页、App 及线下的自助式干预已成为当下心理干预的新形式。2022 年底 ChatGPT 聊天机器人程序的发布，也将推动人工智能机器人模拟人类咨询师，促进拟人化心理咨询服务的发展。

　　结合大学生求助行为的特点和自助干预形式的发展，对于有抑郁倾向的大学生，如果能在出现轻度的抑郁时便及时辅以自助干预，对其抑郁情绪加以控制，防止抑郁症状加重及有效扼制恶性事件的发生，这对于在校大学生群体来说具有重要意义。

第三章　曼陀罗绘画

第一节　曼陀罗及象征意义

什么是曼陀罗？曼陀罗具有哪些象征意义，支撑其可以发展为心理问题的干预工具？从以下内容中我们可以进一步了解和明晰。

一、什么是曼陀罗

千百年来，曼陀罗（Mandala）一直是人类文化表达和宗教表现的中心主题。作为原始的象征，它在藏传佛教密宗和荣格的深度心理学中，都占有重要的位置。曼陀罗，又称"曼荼罗""曼达拉"，它是一个古老的梵语术语。在旧石器时代所留下的岩画中，就有包含曼陀罗意象的"太阳轮"。曼陀罗最初的意思是"圆"，这个圆具有子宫、乳房、生命滋养源泉的普遍象征意义。此外，这个术语也与任何圆形或盘状物体有关，比如太阳或月亮（胡鑫玲，2020；王杰，2020）。

在藏传佛教密宗中，曼陀罗具有"圆轮众德""圆轮具足""发生诸佛"等含义，它是佛、菩萨所居的宫殿，是本尊的神秘居所和佛教的理想世界（格桑益希，2004）。而佛教中的"坛城"，也是梵文 Mandala 的意译，音译则为"曼陀罗"或"曼荼罗"。在密宗中，曼陀罗是最为神圣、神秘的宗教艺术，修行者可以通过观想曼陀罗来实现与神灵的交通，曼陀罗是密宗修行者在其精神世界交通"神灵"的一种形式，即"修行之道"。密宗修行者通过把密教本尊请入坛城中心，从而将自身与神灵、宇宙融为一体（张帆，2019）。在这个过程中，一个人的人格也会被培养并引导到精神幸福完满的境界。

在深度心理学代表人物荣格的眼中，曼陀罗既是一种可以一定程度上防止精神错乱、推进个体个性化过程的工具，同时又代表了处于完整或完成状态的自性。他与弗洛伊德决裂之后，陷入了生活的黑暗时期。而标志着他逐渐走出黑暗的一个重要事件，是他对于曼陀罗的绘制与领悟。那段时期，他每天都在自己的笔记本上画一些圆形图案（见图3-1），这些圆形图案似乎对应着他某种内在的心境。事后，荣格才慢慢发现什么是真正的曼陀罗，他引用《浮士德》中的话说："'成形、变形、永恒的心灵的永恒的创造。'而这便是自性即人格的完整性。"（荣格，1988）而绘制曼陀罗也逐渐发展成为心理治疗领域的一种技术手段和工具。

图3-1 荣格（2016：564）的第一张曼陀罗作品《万物体系》

从曼陀罗的形制上来看，它的外形基本是由圆形构成。在大圆的内部，经常还会再呈现几个同心圆。郑荣双等人认为，世界上主要有西方模式、中国模式、印度模式和伊斯兰模式四种美的模式（后三种统称为东方模式），它们的一个共同点是都以圆为美，这是在任何文化中都能发现的一个普遍事实（郑荣双、车文博，2008）。有学者也提到："西方符号学家菲利普·威尔赖特（Philip Ellis Willwright）曾经说，也许最富有哲学意义的伟大原型符号就是圆了，从有记录以来，圆被广泛认为是最完美的图形"（意娜，2015）。荣格认为圆是作为圆满和融合的原型，曼陀罗的基本语言就是圆。也有学者认为，圆圈代表自性，可以帮助个体在圆中组织和凝聚自身（Pisarik，Larson，2011）。而圆环也可防止"外泄"，保护统一的意识不被无意识驱散。因此，曼陀罗的圆圈，也经常被称作"有魔力的圆圈"。

曼陀罗是一个圆形，是各文化中都反复出现的集体无意识的原型。人类早期的天体概念是圆；太阳的朝升夕落，也是以一种圆形的轨迹进行循环；月亮阴晴圆缺以圆的方式往复；柏拉图《蒂迈欧篇》中认为宇宙最美的图形是圆；基督教的教堂上有圆形的玫瑰花天窗；中国的太极图的阴阳循环是圆；《老子》中的"万物运作，吾以观其复"，表明万物运动生灭呈现为回环往复的圆；《周易》说"无往不复，天地际也"，即天地运行、自然运转的法则是往复；伊斯兰苏菲派的旋转圆形舞，突出的境界是圆；佛教象征宇宙规律的法轮是圆，象征六道轮回的生命之轮是圆。因此，最具典型意义的曼陀罗图案是圆。

二、曼陀罗的象征

荣格认为曼陀罗是一种原型意象，而且是所有原型中的中心原型。它是幽居于人类心灵深处的一种意象，这种意象会自发地呈现，并表现为不同的形式（拉·莫阿卡宁，1999）。在接触了东方文化之后，荣格更加感受到曼陀罗图案存在于人类所共有的"集体无意识"中，它是人类与生俱来的对自然和宇宙的认知与体会（鲁珊，2010）。

曼陀罗是自然万物统一与和谐的象征，这种统一与和谐不仅体现了外在的形象化世界，也表现了内在的精神世界。荣格用曼陀罗来命名心灵的全我，象征心灵的统一、完整、自足、和谐。曼陀罗是修行的图形，人正是在修行的冥想中，突破自我的局限，达到全我的真境，让心灵得到平衡与和谐。它可以是三维立体的坛城，也可以是二维平面的图形，其图案丰富而多变：有具体的佛像，有象征的符号，有抽象的几何图形，显示了基本图案与无限变化的统一。在曼陀罗的多样与一致里，显示的是心灵的全我，当人洞悉心灵的全我时，心灵就会得到和谐。而这种和谐不仅是自我与全我的和谐，更是个人与人类的和谐。而这种统一与和谐，是通过对对立面的调和来实现的。对立面的最终融合由曼陀罗的中心点来表示，而由此所建立的和谐往往具有超自然的神秘性。"在这个世界中，一切对立皆不复存在，人摒弃了限制；没有排他性，没有这个或那个，但是却包含了这个或那个，万物都统摄其中。任何事物都不会被排斥。这是非二元性的世界，是普雷若麻（pleroma），万物源于它，又复归于它"（拉·莫阿卡宁，1999）。对立面的转化消除了冲突，带来了统一与完整。

曼陀罗既可以象征完满的自性（自性的终点），也可以象征心灵实现自性的程度（常如瑜，2018）。西藏佛教徒所创造的曼陀罗，是最精美、优雅与平衡的曼陀罗，彰示了自性的完满境界。透过对曼陀罗的观想，来实现自身的完满与证悟。而在荣格的个人经验和治疗工作中，发现曼陀罗经常在心灵失去平衡的时候显现，体现个体具有自发的自我治疗的企图，想借曼陀罗来实现心理的整合、秩序与完整。所以，此时所绘制的曼陀罗，既彰显了个体当下的内在心理状态，也体现了其调和冲突、实现有序的一种尝试与努力。

第二节　曼陀罗绘画及表现形式

曼陀罗具有平衡、和谐、统一、完满的象征意义，可透过曼陀罗绘画来实现上述功能，那么什么是曼陀罗绘画？曼陀罗绘画又包含哪几种形式？每种形式如何进行操作？以下将做详细介绍。

一、什么是曼陀罗绘画

荣格在其与弗洛伊德决裂的黑暗时期，通过绘制曼陀罗来进行心理的调适。荣格之后，凯洛格（Joan Kellogg）将曼陀罗用作治疗和评估工具，而曼陀罗绘画技术最终被芬彻修改并广泛使用。

曼陀罗绘画就是在圆圈内作画，用以抒发和表达内心的过程（陈灿锐、高艳红，2014a）。早期，凯洛格在指导当事人勾勒出纸盘的轮廓后，会建议从中心向外来填充圆圈。她强调绘画过程的思考和冥想，借由绘画当下生成的暗示来填涂颜色和图案。而评估人员或治疗师，需要注意某些颜色在个人的曼陀罗中是一直被使用还是一直被省略，不使用某些颜色可能表明一个人在身份或自我意识方面缺乏某种特定的方面（Kellogg，1984）。除此之外，她还制作了一个图表用来解答颜色和颜色组合的意义。芬彻修改了凯洛格的一些技术，她把重点放在绘图过程，而不是解释和评估过程。她要求当事人手绘（或用圆规）圆圈之后，从圆圈的中心或边缘开始作画，用颜色、形状或图案填充圆圈。在整个绘画过程中，她指导当事人不要对自己的绘画技巧和颜色选择进行自我批评。绘画完成之后，当事人会被要求列出她们使用的颜色，从最主要的颜色开始，到最少用到的颜色，在观察每种颜色时写下脑海中浮现的单词、感觉、图像或记忆，依此进行词语联想。在列出颜色之后，当事人再依次对绘画中的数字、形状、图像等重复进行词语联想。然后，指示当事人阅读她们的词语联想列表，创建有关曼陀罗绘画中颜色和符号的个人意义（Fincher，2010）。所以，芬彻比较看重当事人自身对绘画的解释与理解，以实现当事人的自我发现。

二、曼陀罗绘画的形式

图 3-2　涂色曼陀罗成品

曼陀罗绘画的形式有三种：涂色曼陀罗、绘制曼陀罗和手绘曼陀罗。涂色曼陀罗和手绘曼陀罗也称为结构式曼陀罗，绘制曼陀罗也称为非结构式曼陀罗。涂色曼陀罗是指在给定的模板上，进行自由选择的涂色。这些模板多是圆形，并具有对称性和重复性的结构特点（见图 3-2）。绘制曼陀罗是指绘画者在规定的圆圈内完全自由作画或按特定主题自由作画，进而表达自己的内心世界（见图 3-3）（陈灿锐、高艳红，2014a）。而手绘曼陀罗是绘画者自己绘制多个大小不一的同心圆，并跟随内心，由内而外在圆内绘制对称性的图案或符号，构画属于自己的曼陀罗（见图 3-4）。

图 3-3　绘制曼陀罗成品

图 3-4　手绘曼陀罗成品

　　荣格、凯洛格、芬彻所使用的曼陀罗绘画，多属于绘制曼陀罗或手绘曼陀罗的形式。但三种形式的曼陀罗，都可以在绘画完成之后进行颜色、主题的联想，从而对无意识内容有更多的觉察与理解。与涂色曼陀罗不同的是，绘制曼陀罗的绘画者开始面对的是一个空白的圆圈，而手绘曼陀罗面对的是一张空白纸张，这种缺乏内部图案结构的情况既可能让绘画者感觉自由，让无意识内容可以自发呈现，也可能会由于要自己建立结构而引发绘画者的焦虑。在心理咨询或治疗的实践中，可以根据不同的情况而使用不同的形式。如果仅仅是为了缓解当事人内心的紊乱，使其内心归复平静，可以选用涂色曼陀罗或手绘曼陀罗，因为它们本身的结构化、对称性、平衡性能够促进内心的有序与平静。如果想借由曼陀罗来展现更多内心的冲突与未解决的议题，并以此作为评估依据和进一步工作的方向，可选择绘制曼陀罗。当然，由于曼陀罗本身所具有的组织和凝聚内心的作用，三种形式的使用并没有截然的区分。

三、曼陀罗绘画的操作

（一）涂色曼陀罗的操作过程

1. 准备阶段

准备涂色本和多色画笔，画笔可以是彩色水笔、彩铅、蜡笔等。选择一个安静不被打扰的地方，播放轻柔舒缓的音乐，让自己放松、平静下来。

2. 实施阶段

在画本中选择一张当下想涂色的图案。静静面对图案，选择自己觉得适宜的颜色去给图案涂色。涂色的顺序由自己来决定，可以先中心再外围，也可先外围再中心，或者其他当下觉得更适宜的顺序。绘画时，可以聆听自己内心的声音，体验伴随涂色而出现的情绪，静静地观看和觉察它们。

3. 完成阶段

可以将完成涂色的曼陀罗放到自己面前，去观想曼陀罗，或者试图走进其中的世界，用内心与它对话。然后，在图案的空白处，写下每种颜色所象征的意义。最后，可以给涂色图案进行命名，并注明日期。

（二）绘制曼陀罗的操作过程

1. 准备阶段

准备绘画的工具，如纸张、尺子、铅笔、橡皮、彩色笔等。选择一个安静不被打扰的地方，播放轻柔舒缓的音乐，让自己放松、平静下来。

2. 实施阶段

静静地面对着纸张，在大圆内，可用画笔绘出内心任何想要表达的情绪、意象或故事。绘画时保持专注的意识状态，聆听自己内心的声音。让想画的图案自动地在心理和纸张上呈现，笔随心动。圆圈内的内容画完之后，也可在圆圈外进行相应的增补。绘制过程中，更多是听从自己内心的需要，不要从审美的角度来考虑绘画。

3. 完成阶段

画完之后，观看自己所画的曼陀罗图案，回想绘画时候的心情。然后，拿笔记下对所画作品的体验、联想和感悟。最后给画进行命名，并注明日期。

（三）手绘曼陀罗的操作过程

1. 准备阶段

准备纸张、圆规、尺子、橡皮、针管笔、黑色水笔和彩色笔等。选择一个安静不被打扰的地方，播放轻柔舒缓的音乐，让自己放松、平静下来。

2. 实施阶段

在纸张上用圆规画多个大小不一的同心圆，并用尺子将圆做偶数的等分，然后从中心向外，绘制对称的各类形状或符号。绘画时，可以聆听自己内心的声音，体验绘画不同形状、符号时出现的情绪，静静地观看和觉察它们。绘制完之后，也可对空白处进行涂色。

3. 完成阶段

完成之后，可以将画好的曼陀罗放到自己面前，去观想曼陀罗，或者试图走进其中的世界，用内心与它对话。最后，可以给手绘图案进行命名，并注明日期。

第三节　曼陀罗绘画的颜色、结构与意象分析

曼陀罗绘画完成后，如何对其进行分析和解读，从而获得对绘画者内在心理的认识与理解呢？根据绘画分析理论，一般可以从颜色、结构与意象三个方面对曼陀罗进行象征性分析。且在分析和解读时，需遵循一些基本的原则。

一、曼陀罗绘画的颜色分析

颜色三维理论对于分析曼陀罗绘画中的色彩具有借鉴意义。该理论认为红、黄、蓝是众多颜色中最基本的颜色，三种颜色被称为主色。它们两两组合之后形成橙、绿、紫三种次色。三种主色与三种次色之间又存在三对互补关系：蓝对橙、红对绿、黄对紫。色彩是具有情感表现力的，色彩的不同，给人带来的情绪体验也会有所不同。针对曼陀罗绘画中的颜色进行分析，是以颜色自身的象征意义以及颜色所引发的联想为基础的。

（一）颜色的象征意义

不同的颜色，具有不同的意象及含义：

红色。冲击力极强，通常被想象成血液、烈火、红花，象征着血腥、对生命的热爱、激情、活泼、希望、喜庆。同时红色既是女性的自我认同又是男性的阿尼玛（男性心中的女性意象）。

橙色。温和的色彩，通常被联想为夕阳、花瓣、橙子，象征着权力和权威、

对自然的热爱、温暖而又有食欲、幸福。若男性的曼陀罗中橙色过多，反映其内心与男性充满竞争；若女性的曼陀罗中出现橙色，意味着对父亲的依恋或有较强的成就动机和抱负，或者有较成熟的阿尼姆斯（女性心中的男性意象）。

黄色。明亮的颜色，通常被联想为太阳、光明、钻石及黄金，象征着温暖、智慧、权力、追求、骄傲及神圣。对于男性而言，曼陀罗中出现黄色代表其拥有强大的自我功能；对于女性而言，则意味着积极的阿尼姆斯。

绿色。中性色彩，既有蓝色的沉静又有黄色的明朗。通常被联想为草地、树叶、生命及未成熟的果实。象征着自然的法则、健康的成长、滋养生长中的事物的能力、循环和更新。

蓝色。梦幻感的色彩，被联想为天空、大海、水晶，象征着放松、平静、意识清明、无意识、孤独、庄重、母亲、智慧。

紫色。紫色是一种冷红，在生理上和心理上都暗含了一种虚乏和死亡的成分，通常被联想为花朵、巫女和紫水晶，象征着神秘、高贵、沉稳、财富、权贵者。

棕色。在橙色基础上降低了明度，通常被联想为大地、枯萎腐烂的植物，象征着母亲的支持、脚踏实地的现实感、死亡和腐朽、过去的某种记忆、冷静、成熟的自我。

白色。可无限发挥的不具颜色的颜色，被联想为雪花、白云、婚纱和生病，象征着圣洁与纯净的意识、空灵和平、神圣、虚弱的自我。

灰色。介于黑白之间，象征着冷淡、无助、反省等，通常会联想到乌云密布的天空，压抑、灰蒙，也意味着丧失与病痛。

黑色。通常被联想为黑夜、乌云、死亡，象征着神秘未知、无奈、恐惧、崇高肃穆。黑色使用情况的变化往往是疗愈发生的线索。

（二）色彩间的关系

单一的色彩并不能满足人们复杂的审美需求，无序的色彩并置更不会产生和谐的美感。曼陀罗绘画作品亦然，在分析其作品时除了单一色彩的意义分析之外，还需要对各色彩间的关系予以分析。陈灿锐、高艳红（2014a）对曼陀罗绘画中的色彩间关系做了描述，分别为：主次关系、补色关系、冷暖关系、调和关系和明暗关系。

主次关系。曼陀罗内主色（红黄蓝）反映人类基本内驱力，次色（绿紫橙）则反映了内驱力形成的心理特点，其含义一方面来自本身，另一方面来自构成它的两种主色的意义。如主色蓝色与母性相关，黄色与父性相关，绿色是蓝色（母性）和黄色（父性）的结合，意味着生命和滋养。

补色关系。色彩中的补色有红—绿、黄—紫、蓝—橙，曼陀罗内存在补色关系往往会使画面产生强烈的色彩效果，意指对立的紧张关系。具有生命力、欲望的红色与控制束缚的绿色形成对立；透露出自律、自治的黄色与同母亲连接的紫色存在冲突；对亲密关系渴望的蓝色与对权力事业追求的橙色存在矛盾。

冷暖关系。一项研究显示，当室内装饰陈设一致时，面对不同冷暖色的墙面，个体在温度上的主观感受会有7℃的差异（宋爽，2015）。在六个基本色中，红橙黄系为暖色系统，看见它们时会使人血液循环加快，感到温暖，象征着外向、热情、有意识和强大的自我。绿蓝紫为冷色系统，看见它们时会使人血液循环减慢，感到寒冷，象征着内倾、冷静、无意识或虚弱的自我。若曼陀罗呈现中心暖外周冷，暖色调向外辐射，冷色调向内收缩，使曼陀罗内外能量能够融合，陈灿锐等（2014a）也将其称为典型曼陀罗。

调和关系。色彩的调和是指两个或两个以上的一组色彩，形成秩序的现象。分为单色明度调和、同色系调和、近似色调和、对比色调和及补色调和。其中同色系和近似色的调和只需通过明度或纯度的变化就能获得较为丰富的色彩效果，相对较易；对比色和互补色的调和相对较难，一般通过面积调和（增加或减弱对比色各自的面积，以一种色彩为主）、同一调和（在对比色中加入一种"媒介色彩"降低色彩纯度，媒介色彩多以黑白为主）、分隔调和（在对比色间加入一种颜色，使两色得到强化或减弱）的方式来实现（宋爽，2015）。曼陀罗中的色彩调和程度反映绘画者自我注意力以及整合对立的能力，调和越好证明其内心越和谐、情绪越平稳。若绘画者为男性，意味着其阿尼玛发展成熟；若为女性，意味着自我功能发展良好。

明暗关系。通过不同程度混合白色或黑色，产生不同的色彩强烈程度即为明度。若白色象征意识，黑色为无意识，那么明度越强意识功能就越好。另外，明度与彩度越高代表越活泼，若过度则可能是亢奋；反之亦然，越混浊代表身心越疲惫与衰弱。

二、曼陀罗绘画的结构分析

（一）线条

线条是绘画作品中最基本的要素，任何画作都是由线条和色彩构成的。曼陀罗中的线条与个体的自我功能密切相关。

在曼陀罗绘画作品中，短线条占比多，暗示个体自制力弱，情绪起伏大；长线条占比多，暗示个体自制力强、情绪稳定；线条长短不一，暗示个体注意力不集中、情绪不稳。绘画者若在曼陀罗绘画作品中运用了大量的直线，代表个体刚正不阿，较为理性；反之若运用了大量的曲线，代表个体温润圆滑，较为感性；

细长直线给人一种紧张感，僵硬直线给人一种死板感，柔和线条给人一种平和感，尖锐线条给人一种攻击感。流畅连贯的线条暗示个体果断协调，有良好的自我觉察和现实感；断续不连贯的线条暗示个体缺乏勇气与安全感，有较差的自我觉察和控制力。此外，浓厚的线条代表着个体自我力量较强及控制性较好；但过浓也可能预示着紧张；过淡可能体现自我力量不足、抑郁或顺从；线条浓淡不一、缺乏规律性，说明自我协调能力较弱、情绪不稳。

（二）方向

曼陀罗绘画是在大圆中完成的，绘制时如何处理圆心与圆周的关系，就体现了曼陀罗绘画作品的方向性，同时也体现了自性的整合功能。

阿恩海姆（Rudolf Arnheim）将圆形称为"有感应的结构"，它是所有图形中最具向心力的，给人一种向中心原点聚集的视觉感（Marcia，2003）。简单圆形结构能够产生简洁的矢量集合和清晰的知觉效应，比如外部轮廓大圆象征宇宙与时间的轮转，有向心和离心的矢量集合，在空间上形成联结。曼陀罗作品表现出由外向内汇聚的向心力时，创作者本人正在施展自身的凝聚功能，滋养自我，但需要警惕创作者对自我的攻击性。曼陀罗作品表现出由内向外发散的离心力时，若画作的中心弱，暗示创作者疲惫虚弱；若中心强，则暗示创作者自性强大，但也要警惕创作者向外的攻击性。若曼陀罗作品的中心不明确，暗示创作者身心不协调，处于混乱之中。此外，内圆又反映了形式上的循环性，在整体和部分之间建立了内在联系。

（三）方位

曼陀罗绘画中的空间结构即方位，有上、下、左、右、中心和外周，每个方位都具有特殊的意义。现代具身认知理论认为，个体对外部世界的感知深受身体的影响。比如：下边意味着低头，上边意味着抬头；写字一般是从左到右，所以左边预示着过去而右边预示着将来等。关注方位的意义能够帮助我们更好地解读曼陀罗绘画作品所传递的信息。

根据经验和相关分析心理学学派的理论可知，曼陀罗的"上"往往代表着精神、意识、灵性和智慧，"下"代表着物质、无意识、本能和欲望，"左"代表着过去、母亲、内向和情感，"右"代表着未来、父亲、外向和思维，中心是自性某个功能的意象性表达（见图3-5）。此外，这些结构还需要针对具体情况进行具体分析，并非固定不变。

上边：精神、灵性、
意识、智慧

左边：过去、母亲、
内向、情感

个体意识
神性
宗教生活

社会意识
与社会关系
工作或学习

自性

本能
创造力
无意识

早期依恋
身体意象
肉体

右边：未来、父亲、
外向、思维

上边：物质、本能、
欲望、无意识

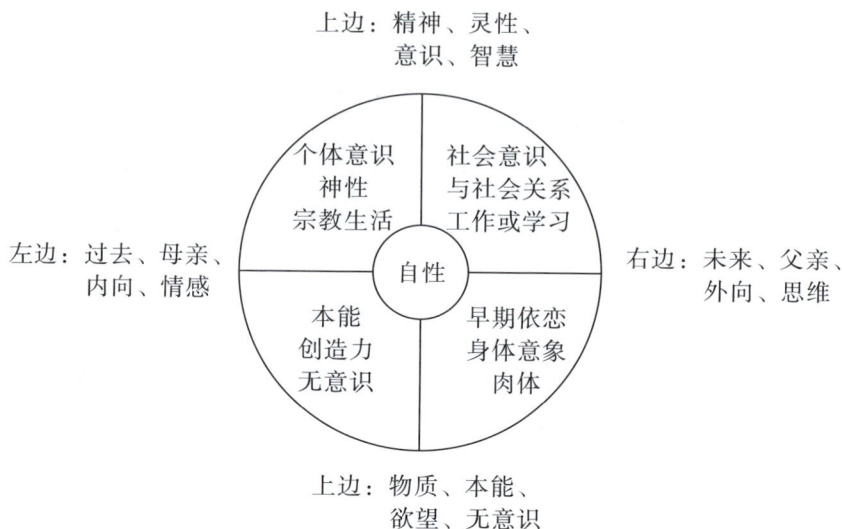

图 3-5 曼陀罗结构意义图（陈灿锐、高艳红，2014a）

（四）形状

任一绘画作品必然构成某个形状，而不同形状所蕴含的意义也有所不同。陈灿锐、高艳红（2014a）对曼陀罗绘画作品中常见的形状做了象征分析。具体如下：

三角形。带有尖锐的"角"，除了给人一种紧张、对立感，也有自我向自性集中、进取的力量感。

五角星。是完美和美丽的象征。五角星若是正向的，暗示向上和聚集；若是反向的，暗示向下和分解。此外，若画中呈现两点朝下、一点朝上的五角星，象征着自我认同、成就价值感。

方形。意味着实诚、值得信任，也代表着秩序规则、理性正式。

菱形。是美索不达米亚人的图案，象征着辟邪物、胜利。在中国的经典纹样中，饰有红色飘带的菱形是八件宝物之一。

圆形。圆形结构本身的完整性和闭环性，象征着无限、团结和保护，此外，其柔美的曲线也常象征温暖和舒适。

螺旋纹。象征着繁衍和生育。

在对曼陀罗绘画作品进行分析时，绘画者无意中所绘制出来的形状往往携带着丰富的无意识信息。如果作品中常常出现某个特定的形状，则需要关注其所象征的含义，进而揭示绘画者内在的心理状态或冲突。

三、曼陀罗绘画的意象分析

意象是集体无意识中的原型在意识层面的表现形式。因为原型是人类所共有的，所以原型意象具有共同性。而曼陀罗绘画作品的意象往往体现出自性原型的某些功能，比如保护性、凝聚性、整合性、方向性和神圣性。而曼陀罗中所绘制的意象，又在某种程度上反映了自性的特定功能。但一个意象不一定只对应某个特性，而是可能蕴含其他特性的含义。陈灿锐、高艳红（2014a）对曼陀罗中典型意象的含义进行了分析。

（一）保护性

自性的保护性是指它以保护者的意象出现，能够增强个体的安全感和勇气。具有保护性的意象包括：

莲花。西藏密宗中胎藏界曼陀罗的原型就是一种盛开的莲花。普度众生的佛多是脚踩莲花或端坐于莲花之上的。因此，莲花寓意着承托与抱持，如同母性，保护着自我。

宝剑。宝剑象征着力量和勇气。剑是一种武器，可以用来对抗敌人，也可以用来驱除魔障，具有增强自我的功能，起到保护的作用。同时，刀、剑也有锐利的边缘，可以用于切割，让事物分开。所以，宝剑也具有将意识从无意识中提升、驯化无意识的功能。

城堡。城堡能够在战争中起到安全和防御的作用，因此城堡具有保护的意义。越是坚固的城堡，越象征了个体对外在风险与威胁的抵御能力。在藏传佛教的曼陀罗绘画中，中间的本尊外围多绘制四方形的城堡，具有守护圣地和主尊之意。

盾牌。盾牌可抵御锐利的武器的进攻，更有安全感。曼陀罗作品中的盾牌意味着个体在面临外界的压力和威胁时，为了保护被动或脆弱的自我而出现的保护机制。特别是圆形或有 logo 的盾牌，保护自我的意味更浓。

翅膀。翅膀虽在很多时候寓意着梦想和自由，但低垂、包裹的翅膀往往也有保护的意义，这种保护和守护可能多来自重要的他人。

除此之外，绘画中的怀抱、鸟巢、雨伞、栏杆、城墙、大门、弓箭、长矛等都可能与自性的保护功能有关。

（二）凝聚性

自性的凝聚性是指自性能够将注意力汇聚于自我，具有稳固和强化自我的功能。具有凝聚性的意象包括：

眼睛。眼睛是重要的感觉器官，它用来收集外界信息，象征着光明与睿智。

看事物时，需要通过眼睛的注意才能看清，所以它意味着注意力和凝聚力。在曼陀罗绘画作品中，绘画者经常绘制眼睛，这往往也象征着一种审视和寻找。

转轮。转动的轮子会产生向心力，能够让周围的事物围绕它进行转动。而被转动的部分保持在一定的轨道上永恒旋转，因此象征着自性的凝聚功能。与此相关的意象还有旋转木马、旋涡、风车等，都有转轮所蕴含的象征意义。

箭头。曼陀罗作为在圆内进行的绘画，常会出现多个箭头指向中心的情形。而此种状态分布的箭头，也具有凝聚的意义。

在判断自性的凝聚性时，多从结构本身的向心力、绘画者的投入程度、画面的细腻程度等来判断，而单一的意象比较难直接体现自性的凝聚性。

（三）整合性

自性的整合性是指自性具有协调并化解对立冲突、维持内心和谐稳定的功能。具有整合性的意象包括：

太极。太极是中国的经典图式，也是国人最熟悉的象征，同时是中国文化最重要的代表。太极图由阴鱼和阳鱼构成，代表二元对立的统一。阴阳在圆的统一体中互相转化、互相发展，最终又构成阴阳共存的和谐整体。

十字架。如果说太极是中国人最熟悉的象征，那么十字架就是基督教文化最重要的象征。十字的核心是由竖轴和横轴的交叉点构成，是将二元性合二为一的整体。两条轴可分别代表时间和空间、物质和精神、肉体和灵魂等二元对立。周围的四点象征四位一体，如东西南北、春夏秋冬；若中间再单设一个中间的核心，则象征着核心与四周的统一。

卍。卍是佛教吉祥的标志，寓意着"万德吉祥"。它可以看成是由中心的十字架和外周四个表示方向的线条组成，凸显了完美的整合。卍的四只手分别代表着生存的四种状态：神的境界、人间、动物界及阴间，也代表着一年四季的周而复始。

桥。桥象征着将两方做沟通和连接，借由桥，人们可以穿梭于此岸和彼岸。此外，桥还象征着生活阶段的过渡以及生活方式的改变。曼陀罗作品中的桥，也可能是个体过去、现在以及未来的联系；或是意识和无意识之间的沟通；抑或是内在不同部分之间的交流。

彩虹。彩虹由赤、橙、黄、绿、青、蓝、紫七种颜色组成。彩虹一般是雨过天晴的象征，意喻着经历了一番艰难的过程或暴风雨的挑战，内心的某个方面已经整合有序了。

衔尾蛇。衔尾蛇大致形象为一条蛇（或龙）正在吞食自己的尾巴，结果形成一个圆环。荣格认为衔尾蛇的意象反映了人类心理的原型。衔尾蛇的符号蕴含着净化力量的魔咒，它代表着低级的统一，表面完整，但是缺乏分化出来的本质。

除了这些特定的意象，曼陀罗绘画作品中颜色的冷暖色分布，线条的曲直搭配，结构的向心与离心，意象中的阴阳、雌雄、好坏等，无不体现出自性的整合性。

（四）方向性

自性的方向性是指自性具有引导个体成为整合又具有独特性的人的倾向。尤其是当个体在面临困惑和迷茫时，自性会发挥指引性的功能来为个体引导方向。跟方向性有关的意象包括：

星星。星星往往在黑夜中出现，且给人带来希望和指引。在星空中，启明星和北斗七星是重要的星星。启明星暗示着光明即将到来，具有启发智慧、促进领悟的意义。北斗七星是辨认其他星座的指标，找到它们后，就可以用来寻找北极星，从而用来确定东南西北的地理方位，因此也具有锚定心灵方向的隐喻含义。

指南针。绘画作品中所绘制的指南针，往往能直观体现方向与指引的意义。有的时候仅是简单绘制指针，都具有此意。需重点关注指针的方向及指向的内容，这些对于作品的解读及内心方向的明晰具有价值。

灯塔。灯塔可为夜里航行的人指示航行路线或提示危险。因此，灯塔象征着通过智慧的光芒，引导个体从无意识中或迷失自我中获得方向。

智慧老人。智慧老人指代表集体潜意识中的"智慧和知识"或"非凡的洞察力"，是人类祖先适应环境而积淀的人格化表现形式。荣格对此有切身体验，并将其命名为"菲利蒙"，经常在其梦中或曼陀罗绘画作品中出现。智慧老人的存在，能够使人们在遇到难题时获得灵感或顿悟。

迷宫。迷宫与清晰的方向和指引相反，它象征着自我找不到方向和意义，迷茫和彷徨的心情。此时个体的自我听不到自性的召唤，陷入复杂难辨的混乱境地，它是自性指引功能的反面，也象征着个体正试图寻找和确认正确道路的过程。

（五）神圣性

当曼陀罗作品中出现具有超能力的意象时，往往表达出自性的神圣性。自性的神圣性多以神话故事中的神灵或具有法力的法器来表达。具体意象有：

太阳。太阳象征着力量，它的表现形式可以是上帝、君王或帝王。所以，太阳经常代表父性原则，是自性的重要象征。太阳于男性而言，象征着其理想化的自我；太阳于女性而言，象征着其内心的男性特质。日出日落也成为诞生、死亡、复活及不朽等重要象征。黑色的太阳往往象征灾难、死亡、恐惧，或象征无意识。

月亮。月亮与太阳相反，象征意义与女性有关。因月亮多出现于晚上，而晚上的人正处于无意识、非理性的状态，所以它又象征着情感。月亮于男性而言，对应着其内心的女性特质：月亮于女性而言，象征着其理想化的自我。此外，月亮还有满月、亏月和新月的月相变化，这象征着个体心理能量的增减状态。圆圆的满月由于具有完美和明亮的特征，也与自性原型对应。

闪电。闪电被古人视为天神，具有令人畏惧的威力。一道闪电出现在夜空中，能够刺破黑暗，带来觉知，因此闪电也象征着洞察与智慧。人们也习惯用灵光一闪来形容顿悟的状态。荣格认为闪电代表一种突如其来的、出乎意料的、脱胎换骨的心理状态的变化。而这种变化，意在使人去趋近个体的整体性，完成自性化。

宝珠。宝珠多出现于曼陀罗的中间，中国的经典纹样中也经常会出现二龙戏珠的图样。宝珠在传说中出自龙王口中，具有刀枪不入、水火不侵的威力，体现出自性相对于自我具有强大的神圣力量。佛教中的宝珠又称如意宝珠，寓意自然流露出的清净光明、普照四方。

龙凤。中国传统文化中，龙被奉为民族的图腾，凤凰被奉为吉祥动物。龙象征着威严，也象征着吉祥，同时也是中华民族的象征。中华民族的精神就是龙的精神，中华民族的子孙是龙的后代，远渡海外的华人也透过认同为龙的传人来延续中华民族血脉相连的情感。凤凰是鸟类中雌雄结合最完美的象征，是一个二合一的对立统一体，也是人的心理整合的象征。从发展来看，凤凰是一个多元化的产物，是建立在巫术与鸟图腾的结合之上的，融合了各个时代与不同部落所崇拜的图腾。凤凰的雄性气质类似于鹰，自信、坚强、独立、刚烈；凤凰的雌性气质有温和、善良、合群、纯洁之意。凤凰是百鸟之王，也是吉祥和谐的象征。

主尊。曼陀罗绘画中，也经常会出现一些佛教中的主尊意象，比如释迦牟尼佛、如来佛、阿弥陀佛和观世音菩萨等。这些佛教主尊，寓意着慈悲宽容、乐观豁达、驱邪避凶或吉祥如意。同时，佛教主尊的绘制，可提升内在的安全、宁静，或促进了悟的发生。

（六）其他常见意象

曼陀罗绘画作品中还经常出现动物，动物往往象征着无意识中的各种能量与动力。在荣格绘制的第一幅曼陀罗作品《万物体系》之中，存在大量动物意象，比如盘在剑上的蛇、邪恶的怪物和怪物的幼虫（毛毛虫）、长有蝴蝶翅膀的老鼠、长有羽翼的蛇、张开翅膀的圣灵的鸽子等。他也在《关于曼陀罗符号象征》一书中说："动物通常代表无意识被统一于曼陀罗之中的本能力量，这种本能的融合是自性化过程的一个前提。"蛇在曼陀罗中经常出现，它的象征意义十分丰富，包括：①性；②邪恶与诱惑；③伤害、憎恨与仇怨；④治愈；⑤智慧。鱼也经常出现在曼陀罗绘画之中，它的象征意义包括：①心理积极的资源；②无意识；③性；④阴阳鱼代表和谐统一。鸟经常出现在曼陀罗作品中的上方，代表对自由的向往，荣格认为鸟象征着与物质对立的精神。蝴蝶是由毛毛虫蜕变而来，象征着心灵的蜕变与转化，也象征着自我更新与重生。蜘蛛在弗洛伊德那里象征着既让人害怕又充满愤怒的母亲，蜘蛛网可能具有双重意义，一方面可能意味着思维的缜密性，另一方面可能意味着控制或陷阱。蜜蜂象征着勤劳、务实、奉献与投入。

除了动物之外，在绘画作品中还常出现乌云雨滴，多象征个体的心境和负性情绪，尤其需要关注大片的浓重的乌云和密集的雨滴，能够直观反映负性情绪的程度。抑郁个体的绘画作品中还常出现锁链、链条这些意象，寓意压抑与被束缚，也象征内在心理能量的停滞和受阻。骷髅头往往意味着死亡或挑战，也可能寓意重生和新的开始。

四、曼陀罗绘画作品的分析原则

陈灿锐等（2014a）对曼陀罗绘画作品如何进行分析，提出了五条指导性的原则。

（一）系统原则

系统原则是指在分析作品时，不仅依靠有关颜色、结构、意象象征等理论对作品进行解读，同时也需要结合绘画者对作品的描述、所产生的情感和生成的觉察等，进行系统性的分析。

（二）连续原则

连续原则是指在分析作品时，要结合绘画者之前所绘制的曼陀罗作品进行比较分析，而不能仅依靠某一次的作品就给绘画者下定论。同时也可以结合绘画者前后作品在颜色、结构、意象使用等方面的变化，来对绘画者的改变进行分析和评估。

（三）深入原则

深入原则是指在分析作品时，能够深入绘画者潜意识层面的内容，尽可能让绘画者在分析中加深对自我的认识。绘画治疗本身涉及心理投射，绘画者会将潜意识中的内容投射在绘画内容上，对潜意识内容进行意识化，是分析工作的重要目标，也是绘画治疗这一手段本身所具有的优势。

（四）建构原则

建构原则是指在分析作品时，应该与绘画者一起去探索、共同发现作品所表达的意义，而不是以分析者为中心、以分析者的判断为标准。绘画作品所传达的意义没有绝对客观意义的存在，绘画者的感受、理解及意义的发现，对于理解绘画作品有着重要价值。有了共同生成并接受的解释，才更容易融入绘画者的体验，从而对其产生指导。

（五）积极原则

积极原则是指在分析作品时，应尽可能让绘画者从作品上看到其内心的积极资源或面对危机的力量，而不是一味地指出潜在的问题或夸大问题的严重性。个体所具备的资源或力量往往是蕴含在作品之中的，比如有些抑郁的绘画者会在曼陀罗中绘制黑白的戴着铁链的人的时候，在头顶上绘制一只彩色的蝴蝶。这只彩色的蝴蝶所象征的自由和破茧成蝶的意义，可能本就是当事人内在的一种向往及蜕变的可能性。

第四节　曼陀罗绘画的功能及作用机制

虽然荣格的个人经验以及相关理论，都认可曼陀罗绘画用于心理调适的意义和价值，但实证研究是否支持曼陀罗绘画所具有的功能，这些功能的具体体现是什么？曼陀罗绘画干预抑郁的研究有哪些，干预效果如何？以及曼陀罗绘画为何具有这些功能，背后的作用机制又是什么？

一、曼陀罗绘画的功能

荣格是最早采用曼陀罗进行心理调适的心理学家，他认为曼陀罗绘画可以减少内心紊乱、重建内心秩序，实现心灵的有序、平衡与完整（Jung，1950）。芬彻积极推广荣格的曼陀罗绘画，她认为曼陀罗唤醒了自性的影响力和秩序，并为自我创造了神圣的空间和庇护场所（苏珊·芬彻，1998）。Huyser（2002）认为，曼陀罗绘画可以表达个体潜意识中隐藏着的却又渴望表达的情绪，实现个体内在对完整性和整合的需要。Chen 等学者认为进行曼陀罗绘画可以帮助人们专注于当下，进而显著改善心流状态（Chen，Liu，Chiou，et al.，2019）。综合来看，曼陀罗绘画具有将绘画者拉回当下，敏锐地体悟内心，整合意识和无意识冲突，预防与修复内心分裂，重整内心秩序，领悟人生意义和重建人生方向的功能。

笔者在整理国内外曼陀罗绘画效果的实证研究时发现，曼陀罗绘画对于提升注意力、减少冲动行为、缓解焦躁不安与孤独、减少抑郁和创伤症状、提升积极情绪、提高正念和心流状态、促进自我接纳与自我和谐等方面，具有显著的效果（见表 3 - 1）。

表 3 - 1　曼陀罗绘画效果的实证研究

研究对象		研究及改善指标
大学生	一般大学生	情绪、状态焦虑、自我和谐、真实性（自我意识和无偏见加工）、心理健康（幸福感和自我接纳）、脑电波、脉搏频率、正念、心流
	社交焦虑大学生	社交焦虑、自尊、自我接纳
	创伤后的大学生	创伤症状、丧亲痛苦
自闭症儿童		感觉能力、交往能力、运动能力、语言能力和自我照顾能力
儿童注意缺陷多动障碍		注意力、冲动行为
精神疾病住院患者		情绪
癌症患者家庭照顾者		疾病获益
临床样本、在押罪犯等		抑郁、焦虑

在针对抑郁的临床人群的研究中，许多研究者使用涂色曼陀罗干预其抑郁情绪，如脑卒中患者、食管癌患者、复发性流产患者、康复期精神分裂症患者、产后抑郁患者、体外受精—胚胎移植患者等，均发现能取得良好的效果，涂色曼陀罗可缓解其抑郁情绪。也有的学者使用绘制曼陀罗对晚期癌症患者进行干预，结果显示绘制曼陀罗可有效改善患者的抑郁情绪，提升乐观的情绪，促使其积极配合治疗，并进一步提高患者的生活质量（李耀丽、陈鸿里、马龙等，2017）。

研究者利用曼陀罗绘画干预初次入住医养结合中心的老年人、高职护理专业的毕业生、新犯和在押犯人等，发现曼陀罗绘画可缓解被干预对象的抑郁情绪。

这些研究发现说明，曼陀罗绘画对抑郁及抑郁情绪的干预具有显著效果。

二、曼陀罗绘画的作用机制

为什么曼陀罗绘画具有以上的功能和效果？陈灿锐等（2014a）主要从自性动力的角度给予了解释。他按照发展顺序，将自性动力分为七个阶段：保护、分化、凝聚、整合、指引、超越及开悟，即自性本身具有上述七种特性与功能。绘画曼陀罗，能够唤起自性的功能，而这些功能的有效激活，可能是其能够促进心灵疗愈的关键所在。

在曼陀罗绘画中，圆能够让人联想到母性的积极特征，并能够从中感受到被包容和接纳。此外，曼陀罗往往具有对称和趋中的结构特点，这也能够给人稳定可控的心理体验，增强个体内心的安全感。

在感受到安全和受保护之后，个体的分化动力也会启动，丰富多彩的颜色、不同结构的图形，以及现有结构上的细节等，通过这些丰富、形象化的具体形式，可以帮助个体创造出更加个性化的表达。

伴随分化动力所激发的心理多样性及个体独特性的发展，也会造成心理功能暂时的分裂、冲突与无序，这就需要进一步发挥凝聚和整合的动力来进行化解。自性的凝聚动力具有稳固和强化自我的功能。曼陀罗的大圆所建立的限制性空间，可以防止心灵能量的涣散；而曼陀罗的中心又是凝聚的核心，它具有聚拢收敛的功能，能够把各种意象吸引并凝聚起来。

自性分化与凝聚动力的发展会导致心理状态的不平衡，此时就需要发挥整合动力的作用，整合内心的冲突，维持内心的和谐与稳定。在曼陀罗绘画时，绘画者要不断去处理一些诸如内和外、中心和外周、顺时针和逆时针、离心力与向心力、冷色调与暖色调等对立性的内容，因此绘制曼陀罗的过程本身就是在协调各种矛盾和冲突的过程。荣格也曾说："曼陀罗象征所有对立面的统一，它包含着阴阳双方，也包含着天堂与地狱。曼陀罗是永久平衡的状态。"

在心灵的平衡和稳定中，自性的指引动力会推动个体成为完整、独特而真实的自己。曼陀罗绘画并不是为了满足审美的艺术需要，更多是为了进行自我的表达和心灵的揭示。当无意识的内容可以自如地涌现，个体存在性的意义便也能够进一步清晰和明确。

在曼陀罗绘画中，超越动力可以确认个体对生命的追求，并强化他们自我实现的能力。当个体绘制曼陀罗并对其进行积极想象时，也有可能获取生命的"灵启"或"实相"。而且，此时会减少自我为中心所带来的各种烦恼，个体能够同更大的世界建立关系，并提升爱的能力。

自性化最终的结果，就是开悟，也就是佛家所说的"明心见性"，类似南怀瑾先生所说的"心物一元，宇宙万有同根一本"的境界。

以上保护、分化、凝聚、整合、指引、超越、开悟动力的渐次激活与唤起，是曼陀罗绘画具有疗愈效果的发生作用机制。

第四章　大学生抑郁曼陀罗绘画作品特征研究

第一节　研究概述

在开发曼陀罗绘画自助干预大学生抑郁的绘本之前，研究团队试图通过实证研究，了解可以干预大学生抑郁的结构式曼陀罗绘画作品和非结构式曼陀罗绘画作品分别具有哪些特征，也就是大学生抑郁的风险特征，这些特征可以作为评估大学生抑郁的绘画指标。大学生抑郁风险特征的绘画指标研究，也可为后续设计绘本、评估干预对象抑郁情绪的改善等提供指导。

以下内容将介绍研究的背景和目的，以及研究对象、研究材料、研究程序和研究伦理。

一、研究背景及目的

20世纪二三十年代，荣格将曼陀罗绘画引入心理学视野。经过一个世纪的探索与研究，国内外研究者一致表明，曼陀罗绘画不仅在心理治疗方面具有疗效，且可用于心理评估。Kim（2009）以量化和自动化方式开发了结构式曼陀罗计算系统，用来评估结构式曼陀罗中与颜色相关的元素，用以区分非患者、焦虑患者、抑郁患者和精神分裂症患者。这个系统增加了曼陀罗绘画作为评估工具的标准化和自动化程度。此外，Deborah等（2009）让14名诊断为乳腺癌的患者进行曼陀罗绘画，通过分析患者绘画时使用的色彩、笔触力度及线条结构来推断患者当前的身心状况，结果发现，曼陀罗绘画是非侵入性的评估乳腺癌患者身体状况的有效工具。陈灿锐等（2014c）在让大学生参与曼陀罗绘画实验进行评估自我和谐程度的研究中发现，自我和谐低分的被试所涂色的曼陀罗在秩序性、整合性两个维度显著低于自我和谐高分者，而且涂色过程中的颜色匹配程度、冷暖色协调性、情绪和谐及画面是否有宗教意义四个变量能够解释自我和谐的34%。陈灿锐等（2016）在研究中发现，老年人在曼陀罗绘画时的专注程度与外圈圆颜色加重可预测26%的孤独感。高艳红、范秀莹（2017）发现流浪儿童绘制的结构式曼陀罗的凝聚性与情感平衡能力呈显著正相关，而作品的线条规律、冷暖色的协调及色彩的过渡等特征均不如普通儿童，作品命名的意象也显示出流浪儿童缺少爱与关怀。曼陀罗绘画的颜色使用、冷暖色协调性、色彩匹配度、笔触力度、线条结构、秩序性、整合性、凝聚性、宗教性等都具有一定的预测意义，既能呈现绘画者当前的困惑与问题、情绪与情感，又能提供解决问题的线索和途径。

针对抑郁的评估主要采用心理测量量表的方式进行，通常被称作"标准化的测验"。其优点是测试方便，有明确的评分标准，评分结果可以与常模进行比较。但标准化测验在使用过程中可能受其固有结构的影响而导致得到的信息有限，或从条目自身的意义可判断测验意图从而操控测验结果。绘画测验作为非标准化测验的重要形式之一，所具有的优势是较少受文字表达的限制、可呈现个体难以表达的潜在心理状态、测验的目的不易暴露从而有利于收集真实信息等。已有针对抑郁的绘画测验多集中于房树人测验、画树测验、画人测验和画从树上摘苹果的人测验等。虽然绘画测验的形式不同，但在有关颜色偏好、笔触浓淡、空间使用和绘画细节等方面，获得了有关抑郁个体绘画特征的特定发现。在颜色使用偏好方面，抑郁症或抑郁倾向个体在进行绘画时，具有使用黑色进行绘画、将画纸涂黑、涂黑墙壁、涂黑树木等过多使用黑色的情形（陈侃、徐光兴，2008；严虎、陈晋东，2012；Eytan，Elkis-Abuhoff，2013；Guo，Yu，Wang，et al.，2022），黑色象征着个体的潜意识自我，对应着个体的情结与阴影。在笔触浓淡方面，抑郁个体往往笔触力量较轻，且多会出现不连续线条或短线条（Kim，Chung，2021；Yang，Zhao，Sheng，2019），显示自我意识或自我力量较弱。在画纸的空间使用方面，抑郁个体往往会使用更少的区域进行绘画，从而出现更多画纸的留白（Eytan，Elkis-Abuhoff，2013；Kim，Chung，2021；Murayama，et al.，2016；Yang，et al.，2019），反映了其心理能量的缺少和空虚无力。在绘画细节方面，有的学者发现抑郁个体的绘画缺少细节，且多在画人时缺少细节和外形（Deng，Mu，Wang，et al.，2022），而有的学者发现在特定的部位会出现细致刻画的情况，比如树、树冠等（陈侃、徐光兴，2008；严虎、陈晋东，2012；Guo，et al.，2022），由此，有学者认为树木的细致刻画往往与抑郁倾向相关（反映能量聚积在潜意识的内部自我体验），而人物的细致刻画则刚好相反（反映了个体对外部现实自我的关注）。

目前，国内外学者鲜有研究探讨抑郁个体在曼陀罗绘画作品上的指标特征。在探讨干预大学生抑郁之前，笔者先探索其在曼陀罗绘画作品中有关颜色、结构、意象、命名等方面的特征，为抑郁症的诊断提供参考，也为后续抑郁的干预提供借鉴。

二、研究对象

（一）抑郁症组

1. 样本来源

本研究样本：2021年12月至2022年1月在某市某医院精神卫生中心住院的抑郁症患者30名。

2. 诊断标准

本研究采用ICD－10中"抑郁发作"的诊断，具有典型心境低落、思维缓慢、语言动作减少和迟缓的"三低"症状，并存在社会功能受损，病程持续2周以上，且既往无躁狂发作病史，疾病的诊断由1名精神科主治医师及以上职称的医师同时完成。

3. 纳入标准

（1）符合抑郁症诊断标准，严重程度为轻、中、重度者；

（2）年龄在17周岁以上，25周岁以下；

（3）在医护的督促下能规范口服抗抑郁药物；

（4）患者或患者监护人在获知本研究的目的和注意事项后，自愿配合本研究并签署知情同意书。

4. 排除标准（具备以下任意1条者排除）

（1）伴有心、肺、肝、肾等主要脏器严重疾患者，如肝衰、肾衰、心肌梗死发作期或心衰、呼衰等患者；

（2）脑变性疾病、脑血管疾病、脑肿瘤、脑外伤等引起的精神失常者；

（3）滥用酒精、毒品等物质成瘾者；

（4）经诊断属于精神发育迟滞、人格障碍患者；

（5）其他类型严重的精神疾病患者，如双相情感障碍、精神分裂症等。

5. 剔除标准（具备以下任意1条者剔除）

（1）未按规定完成实验；

（2）相关资料收集不全者；

处理原则：详细记录时间和原因，不作疗效和统计分析。

（二）正常组

1. 样本来源

某市某高校心理协会统一招募大学生被试。确定施测时间，进行团体施测，后遴选30名研究被试。

2. 纳入标准

（1）抑郁自评量表（Self-rating depression scale，SDS）标准分＜53分；

（2）未诊断为抑郁症及其他严重心理疾病；

（3）未服用抗抑郁药物；

（4）基本情况信息填写完整；

（5）完成结构式曼陀罗绘画作品和非结构式曼陀罗绘画作品。

遴选入组后，抑郁症组中男生 9 人，女生 21 人，平均年龄为 18.80 ± 2.12 岁，SDS 平均分为 67.29 ± 14.84 分。正常组中男生 6 人，女生 24 人，平均年龄为 19.70 ± 1.46 岁，SDS 平均分为 36.92 ± 5.70 分。两组在年龄和性别上无显著差异（$P > 0.05$），具有同质性。

三、研究材料

（一）人口学调研问卷

包括年龄、性别、年级、宗教信仰、是否接受过绘画培训及是否画过曼陀罗作品等。

（二）抑郁自评量表

抑郁自评量表（SDS）由 Zung（1971）编写，是当前运用广泛的抑郁自评量表。共 20 个条目，每个条目从 1~4 点计分，主要评定各项所定义症状出现的频率，由被试根据自己最近一周的情况选择最接近自身情况的答案。在原始总分的基础上乘以 1.25 来计算标准分，分数越高，抑郁倾向越重。我国的常模是标准分总分≥53 分为有抑郁倾向，其中轻度抑郁是 53~62 分，中度是 63~72 分，重度是超过 72 分。该量表信效度良好，依据本研究所收集的数据对问卷进行信效度分析，计算 Conbach's α 系数为 0.907。

（三）曼陀罗绘画模板

从《心灵之路：曼陀罗成长自愈绘本》中选择一幅难度中等的结构式曼陀罗图片（见图 4-1）作为结构式曼陀罗绘画的模板，同时选择一个同等直径的大圆作为非结构式曼陀罗绘画的模板（见图 4-2）。并在旁设计有关绘制时间、绘制心情、命名和作品联想等问题。

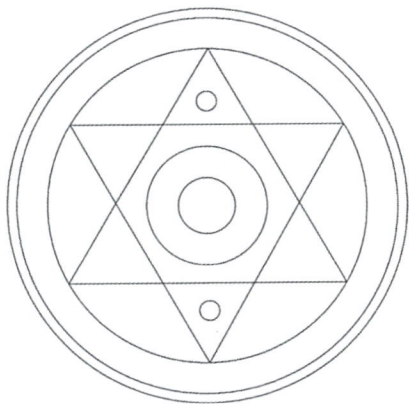

1. 绘制本幅曼陀罗所使用的时间：（　　　　）分钟

2. 涂色完的心情如何？

3. 请给你的作品取一个名字。

4. 你的作品让你联想到什么？

5. 研究对象编号：＿＿＿＿＿＿＿＿＿＿

图 4 - 1　结构式曼陀罗绘画模板

1. 绘制本幅曼陀罗所使用的时间：（　　　　）分钟

2. 涂色完的心情如何？

3. 请给你的作品取一个名字。

4. 你的作品让你联想到什么？

5. 研究对象编号：＿＿＿＿＿＿＿＿＿＿

图 4 - 2　非结构式曼陀罗绘画模板

（四）绘画工具

24 色彩铅、橡皮。

（五）曼陀罗绘画特征评定表

结合陈灿锐等（2014a）有关曼陀罗绘画作品分析以及孟沛欣（2004）的绘画评定指标，形成结构式曼陀罗绘画作品评定表及非结构式曼陀罗绘画作品评定表。

下面分别介绍结构式和非结构式曼陀罗绘画特征的操作化定义。

1. 结构式曼陀罗绘画特征的操作化定义

结构式曼陀罗绘画特征由颜色、结构、意象、命名、联想内容几个部分构成，共 39 项。其中，颜色部分特征 18 项，结构部分特征 7 项，意象部分特征 12

项，此外还包括命名类型 1 项、联想内容 1 项。

（1）颜色。

颜色种类：指一幅绘画作品中使用颜色的数量。赋值有 3 种，0 = 单色，1 = 两至三种颜色，2 = 四种及四种以上颜色；

颜色合成：指绘画中运用不同颜色进行叠加，呈现出与使用任一色彩效果不同的颜色。赋值有 2 种，0 = 无，1 = 有。

特定颜色使用：分别为黑色、灰色、红色、橙色、黄色、绿色、蓝色和紫色 8 种颜色在涂色中的使用情况。赋值有 2 种，0 = 无，1 = 有。

补色使用：指绘画作品中是否使用补色以及补色类型。补色使用赋值 2 种，0 = 无，1 = 有。补色类型有蓝—橙、红—绿、黄—紫、黑—白，各有 2 种赋值，0 = 无，即无该补色；1 = 有，即有该补色。

冷暖色情况：指绘画作品中冷暖色使用比例以及冷暖色分布位置。其中红、橙、黄、棕为暖色，绿、蓝、紫为冷色。冷暖色比例赋值有 3 种，0 = 冷色多，1 = 暖色多，2 = 一样多。冷暖色分布有 5 种赋值，0 = 冷色居中，暖色外围；1 = 暖色居中，冷色外围；2 = 冷色居中，冷色外围；3 = 暖色居中，暖色外围；4 = 其他。

色彩调和程度：指绘画作品中共同的、相互近似的颜色进行配置形成的和谐统一的程度。有 3 种赋值，0 = 差，1 = 一般，2 = 好。

（2）结构。

线条浓淡：指绘画中使用线条的力度。有 3 种赋值，0 = 线条淡，1 = 适中，2 = 线条浓。该特征具有一定的主观性，在对彩铅画进行评分时，可把线条的粗细程度作为赋分的参考。

其他形状：指在结构式曼陀罗涂色作品中出现的除了图形结构本身以外的其他形状。赋值有 2 种，0 = 无，1 = 有。绘画中出现的形状类型，如三角形、圆形、方形、菱形、其他各有 2 种赋值，0 = 无，即无该形状出现；1 = 有，即有该形状出现。

涂色留白空间：指绘画作品中涂色留白面积所占圆形面积的比例。留白面积等于绘画内容沿画纸两个方向的长度（精确到毫米）的乘积。有 5 种赋值，0 = 无，1 = 小于四分之一，2 = 小于二分之一，3 = 小于四分之三，4 = 接近全部。

（3）意象。

意象：绘画作品中赋有某种特殊含义的具体形象。赋值有 2 种，0 = 无，1 = 有。

意象类型：绘画作品中所存在的有特殊含义的具体形象类型。比如：人物、动物、植物、家具、建筑物、交通运输、武器、宗教、生活用品和其他。赋值有

2 种，0 ＝ 无，即无该类意象类型出现；1 ＝ 有，即有该意象类型出现。

（4）命名。

被试对绘画作品的命名类型有 4 种赋值，0 ＝ 无命名，1 ＝ 消极主题，2 ＝ 中性主题，3 ＝ 积极主题。

（5）联想。

被试绘画完成后联想内容的类型有 4 种赋值，0 ＝ 无联想，1 ＝ 消极联想，2 ＝ 中性联想，3 ＝ 积极联想。

2．非结构式曼陀罗绘画特征的操作化定义

根据非结构式曼陀罗绘画的特征描述和绘画作品分析，选出非结构式曼陀罗绘画特征 44 项，分别是颜色特征 18 项，结构特征 12 项，意象特征 12 项，命名类型 1 项，联想内容 1 项。除结构式曼陀罗绘画特征外，添加了 5 项结构特征，其余与结构式曼陀罗绘画特征的操作化定义一致。添加的 5 项特征分别为：

（1）线条长短：绘画作品中绘制的线条长短。有 3 种赋值，0 ＝ 短线多，1 ＝ 长线多，2 ＝ 长短不一。

（2）线条流畅度：线条的顺滑程度。有 3 种赋值，0 ＝ 不流畅，1 ＝ 一般，2 ＝ 流畅。

（3）线条曲直：绘画中使用线条是曲线还是直线。有 3 种赋值，0 ＝ 曲线多，1 ＝ 直线多，2 ＝ 一样多。

（4）重复线条：绘画中线条是否存在反复勾画、犹豫。有 2 种赋值，0 ＝ 无，1 ＝ 有。

（5）画面简单：绘画中整体绘画构造简单，意象、形状很少。有 2 种赋值，0 ＝ 否，1 ＝ 是。

四、研究程序

被试由研究者告知研究目的、匿名性、自愿参与及退出的权利，并签署研究知情同意书。每位被试收到一份研究材料，其中包括人口学调研问卷、抑郁自评量表（SDS）、结构式曼陀罗绘画模板、非结构式曼陀罗绘画模板、24 色彩铅及橡皮，并被分配一个研究编号。被试先完成人口学调研问卷和抑郁自评量表（SDS），然后阅读曼陀罗绘画指导语后进行绘画并完成相关问题。

结构式曼陀罗绘画的指导语为："静静面对图案，选择自己觉得适宜的颜色去给图案涂色。涂色的顺序由自己来决定，可以先中心再外围，也可先外围再中心，或者其他当下觉得更适宜的顺序。绘画时，可以聆听自己内心的声音，体验伴随涂色而出现的情绪，静静地观看和觉察它们。绘画完之后，完成旁边列出的相关问题。"

非结构式曼陀罗绘画的指导语是："静静面对纸张中的大圆，任由自己的思绪、体验进行流动。在大圆界内，把当下的情绪感受以及联想到的意象或故事表达出来。绘画时，任由无意识的引领，画出自动流出的意象。随着画面的呈现，感受它们所带来的各种心理体验。绘画完成之后，完成旁边列出的相关问题。"

研究资料收集之后，2位评分者学习评定指标标准后，进行练习并计算评分者一致性系数，若一致性系数较低，2人协商进行评定标准的统一，必要时再次修正评定指标的定义。评分一致性达到一定标准后，对绘画作品进行正式评定，评定完成后计算评分者信度系数。

结构式曼陀罗绘画评分者评分一致性系数的 Kappa 值除线条浓淡是 0.767 之外，其他6项特征指标（冷暖色调比例、冷暖色分布、色彩调和程度、涂色留白空间、命名类型、联想内容）都在 0.8 以上，而灰色使用、黄色使用、黑色使用、橙色使用等32项的 Kappa 值达到1。一般来说，Kappa 值在 0.61～0.80 间可认为高度一致，在 0.80～1.00 间则认为完全一致。结构式曼陀罗绘画评分者的一致性数据说明评分可信。

非结构式曼陀罗绘画评分者评分一致性系数的 Kappa 值都在 0.7 以上，包括红色使用、黄色使用及颜色种类等33项绘画特征的 Kappa 值为1。非结构式曼陀罗绘画评分者的一致性较高，评分可信。

五、研究伦理

（一）伦理审查

本研究团队向某市某医院医学伦理委员会提交了研究课题报告及知情同意书，经审查后通过该委员会的伦理审批（审批号：SL－2021－10－01），允许课题开展研究。

（二）知情同意原则

研究对象在入组前被告知本研究的研究背景、研究目的、实施过程、获益及风险、注意事项，同意并无疑义后进入研究组。研究对象有权对本研究实验过程产生的任何疑问进行询问或由于产生不适而终止实验，可合理维护自身权益。

（三）保密原则

研究对象的问卷、绘画作品均以研究编号呈现个人信息，不会出现个人姓名等隐私信息。在涉及相关课题等相关成果的组织及发表时，不可出现个人隐私性信息。

第二节　结构式曼陀罗绘画作品特征差异

在颜色、结构、意象、命名、联想等五个大类指标方面，抑郁组和正常组仅在颜色、结构、联想等方面存在显著差异。以下内容仅对两个组差异显著的作品特征进行分析。

一、抑郁组和正常组结构式曼陀罗绘画作品颜色差异

对抑郁组和正常组结构式曼陀罗绘画作品的颜色特征进行 χ^2 检验，发现有 7 项特征差异显著（见表 4-1）。这 7 项特征分别为：黄色使用（$p < 0.001$）、色彩调和程度（$p < 0.001$）、冷暖色分布（$p < 0.01$）、橙色使用（$p < 0.01$）、灰色使用（$p < 0.05$）、黑色使用（$p < 0.05$）和冷暖色比例（$p < 0.05$）。

在黄色使用方面，抑郁组黄色使用和未使用均为 15 人，各占 50.0%；正常组 30 人中有 29 人使用黄色，占 96.7%。

在色彩调和程度方面，抑郁组的色彩调和程度多为"一般"，有 13 人，占 43.3%；正常组的色彩调和程度以"好"为主，有 25 人，占 83.3%。

在冷暖色分布方面，抑郁组以"冷色居中，冷色外围"为主，有 9 人，占 30%；正常组以"暖色居中，暖色外围"为主，有 14 人，占 46.7%。

在橙色使用方面，抑郁组有 19 人使用，占 63.3%；正常组使用橙色有 28 人，占 93.3%。

在灰色使用方面，抑郁组有 8 人使用，占 26.7%；正常组仅有 1 人使用，占 3.3%。

在黑色使用方面，抑郁组有 12 人使用，占 40%；正常组有 4 人使用，占 13.3%。

因此，在颜色特征方面，抑郁组相较正常组较少出现黄色、橙色，较多出现黑色、灰色，且使用冷色偏多。

表 4-1　抑郁组和正常组结构式曼陀罗绘画的颜色差异

特征		抑郁组（比例）	正常组（比例）	χ^2	p
黑色使用	无	18（60.0%）	26（86.7%）	5.455*	0.020
	有	12（40.0%）	4（13.3%）		
灰色使用	无	22（73.3%）	29（96.7%）	6.405*	0.011
	有	8（26.7%）	1（3.3%）		

（续上表）

特征		抑郁组（比例）	正常组（比例）	χ^2	p
橙色使用	无	11（36.7%）	2（6.7%）	7.954**	0.005
	有	19（63.3%）	28（93.3%）		
黄色使用	无	15（50.0%）	1（3.3%）	16.705***	0.000
	有	15（50.0%）	29（96.7%）		
冷暖色调比例	冷色多	19（63.3%）	11（36.7%）	5.406*	0.020
	暖色多	9（30.0%）	19（63.3%）		
	一样多	2（6.7%）	0		
冷暖色分布	冷色居中，暖色外围	4（13.3%）	2（6.7%）	15.400**	0.004
	暖色居中，冷色外围	6（20.0%）	11（36.7%）		
	冷色居中，冷色外围	9（30.0%）	3（10.0%）		
	暖色居中，暖色外围	5（16.7%）	14（46.7%）		
	其他	6（20.0%）	0		
色彩调和程度	差	8（26.7%）	0	9.085***	0.000
	一般	13（43.3%）	5（16.7%）		
	好	9（30.0%）	25（83.3%）		

注：*表示 $p < 0.05$，**表示 $p < 0.01$，***表示 $p < 0.001$。

二、抑郁组和正常组结构式曼陀罗绘画作品结构差异

结构特征的结果显示，两组间有2项特征差异显著，分别是线条浓淡（$p < 0.01$）和涂色留白空间（$p < 0.05$）（见表4-2）。

在线条浓淡上，抑郁组"线条淡"的有7人，占23.3%；正常组线条淡的有0人。"线条正常"的两组人数相同，都是10人，占33.3%。"线条浓"的，抑郁组有13人，占43.3%；正常组有20，占66.7%。

在涂色留白空间方面，涂色留白空间为 0 的，抑郁组有 19 人，占 63.3%；正常组有 26 人，占 86.7%。抑郁组在小于四分之一、小于二分之一、小于四分之三、接近 1 的人数上分别是 1、5、3、2；正常组分别是 3、1、0、0。

在结构的指标上，抑郁组相较于正常组，会更多出现线条较淡、涂色留白的情形。

表 4-2 抑郁组和正常组结构式曼陀罗绘画的结构差异

特征		抑郁组（比例）	正常组（比例）	χ^2	p
线条浓淡	淡	7（23.3%）	0	8.485**	0.008
	正常	10（33.3%）	10（33.3%）		
	浓	13（43.3%）	20（66.7%）		
涂色留白空间	0	19（63.3%）	26（86.7%）	9.756*	0.045
	<1/4	1（3.3%）	3（10.0%）		
	<1/2	5（16.7%）	1（3.3%）		
	<3/4	3（10.0%）	0		
	接近 1	2（6.7%）	0		

注：* 表示 $p < 0.05$，** 表示 $p < 0.01$。

三、抑郁组和正常组结构式曼陀罗绘画作品联想差异

在绘制完有关作品的联想内容方面，研究结果显示，抑郁组和正常组之间存在显著差异（$p < 0.001$）（见表 4-3）。

抑郁组无联想内容和消极内容分别有 2 人（6.7%）、5 人（16.6%），而正常组无该两项指标出现。抑郁组中积极内容有 4 人，占 13.3%；正常组有 19 人，占 63.3%。中性内容方面，抑郁组有 19 人，占 63.3%；正常组有 11 人，占 36.7%。

在绘画作品联想方面，抑郁组较正常组更多出现中性内容或消极内容，更少出现积极内容的情形。

表4－3　抑郁组和正常组结构式曼陀罗绘画的联想内容差异

特征		抑郁组（比例）	正常组（比例）	χ^2	p
联想内容	无	2（6.7%）	0（0.0%）	18.916***	0.000
	消极内容	5（16.7%）	0（0.0%）		
	中性内容	19（63.3%）	11（36.7%）		
	积极内容	4（13.3%）	19（63.3%）		

注：＊＊＊表示 $p < 0.001$ 。

四、结构式曼陀罗绘画特征在不同组别的回归分析

在交叉表分析的基础上，对不同组别间的结构式曼陀罗绘画特征做回归分析，从而预测和判断抑郁变量，以达到更精确的心理评估。依据研究目的和变量类型，统计方法采用 Logistic 回归。分别以受试组为因变量，以 χ^2 检验差异显著的 10 个结构式曼陀罗绘画特征为协变量，构建 Logistic 回归模型。因为本研究的样本量较少（60 个有效样本量），所以在建立 Logistic 回归模型时会受到很大的制约。关于 Logistic 回归的样本量估计目前尚无实用的理论方法，也就是说，在该模型中因变量出现的事件数（阳性事件数和阴性事件数的最小值）要不小于模型中包含的自变量个数乘以的倍数。一般认为因变量事件数不宜低于 5，才可确保回归分析结果稳定（孙亚清、曹颖姝、陈平雁，2016）。

选取上述频数统计选定的评价结果进行逐步回归分析，被试组别（0 = 正常组，1 = 抑郁组）为因变量，上述 χ^2 检验差异显著的 10 项结构式曼陀罗绘画特征为协变量。结果见表4－4。Logistic 逐步回归分析结果表明，有 3 个结构式曼陀罗绘画特征进入回归方程，$\chi^2 = 49.136$，$p = 0.000$，因此 Logistic 回归方程具有显著的统计学意义。

表4－4 所示的各回归系数整理出抑郁症患者结构式曼陀罗绘画特征的回归方程，用 Nagelkerke R^2 系数对其解释能力进行检验。回归方程式如下：$Z_1 = \ln(p$ 抑郁$/p$ 正常$) = 2.345 + 2.385 \times$ 黑色使用 $- 4.462 \times$ 黄色使用 $+ 3.587 \times$ 灰色使用。

表4-4　结构式曼陀罗绘画特征对青少年抑郁症的 Logistic 回归分析结果

特征及变量	B	$S.E.$	$Wald$	df	p	OR	OR 95%CI	
							下限	上限
黑色使用	2.358	0.883	7.292	1	0.007**	10.854	1.923	61.267
灰色使用	3.587	1.240	8.374	1	0.004**	36.125	3.182	410.097
黄色使用	-4.462	1.199	13.848	1	0.000***	0.012	0.001	0.121
截距	2.345	1.046	4.028	1	0.025*	10.431		

注：*表示 $p < 0.05$，**表示 $p < 0.01$，***表示 $p < 0.001$。

如图4-3所示，其中黑色对抑郁率呈显著的正向影响，为危险因素，即使用黑色则患抑郁的比率就增加 10.854 倍；灰色对抑郁率呈显著正向影响，即使用灰色则患抑郁的比率就增加 31.125 倍；而黄色对抑郁率呈负向影响，即使用黄色则患抑郁的比例就增加 0.012 倍。Nagelkerke R^2 值为 0.649，表明结构式曼陀罗绘画特征属于可以接受的水平。Logistic 回归方程预测了 27 例抑郁症患者，准确率为 90.0%（27/30）；Logistic 回归方程预测了 24 例正常大学生，准确率为 80.0%（24/30），总预测准确率为 85.0%（51/60）。

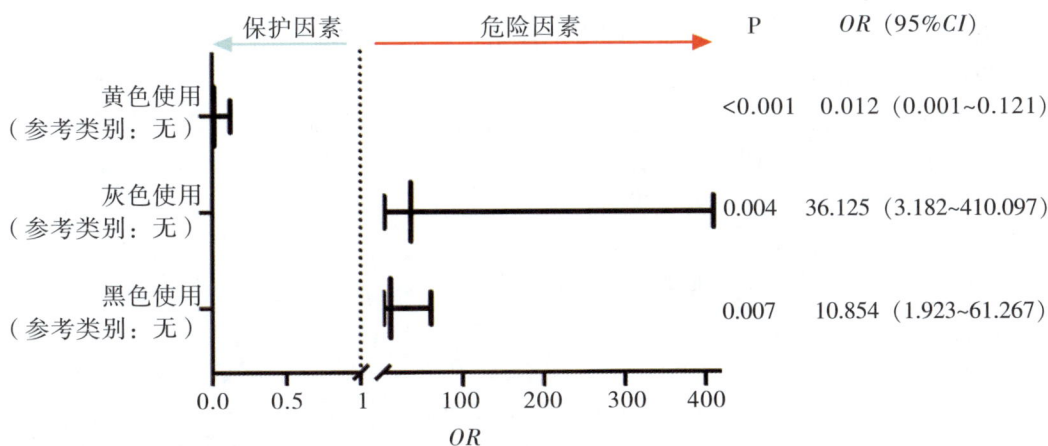

图4-3　大学生抑郁的结构式曼陀罗绘画特征影响因素森林图

在回归分析的基础上，计算各样本的预测概率 A。其中，抑郁组和正常组为状态变量，预测概率 A 为检验变量，绘制 ROC 曲线图，如图4-4所示。结果表明，曲线下面积为 0.906，标准误差为 0.041，模型拟合效果好，建立的回归方程可以预测模型。

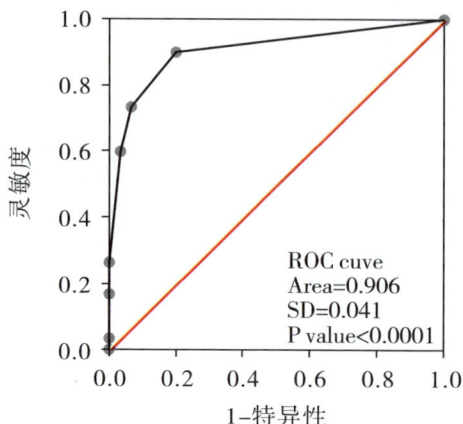

图 4-4　结构式曼陀罗绘画预测抑郁的 ROC 曲线图

五、讨论与分析

在 39 项结构式曼陀罗绘画的特征之中，抑郁组与正常组之间有 10 项存在显著差异，分别是黑色使用、灰色使用、黄色使用、橙色使用、冷暖色分布、冷暖色调比例、色彩调和程度、线条浓淡、涂色留白空间和联想内容，有 3 项进入了回归方程，均为颜色特征方面，即黄色使用、灰色使用和黑色使用。

在颜色特征方面，抑郁组更偏向使用黑色、灰色，且以冷色调为主；正常组更倾向使用黄色、橙色，以暖色调为主。本研究的结果也与以往的研究结果一致。戴红等（2015）研究发现，重型抑郁障碍组更偏好黑色，健康对照组更偏好黄色。冉曼利等（2018）研究发现，在接受了 6 个星期的治疗之后，抑郁症患者组对灰色的偏爱程度有了明显的降低，而对黄色的偏爱则显著增加。此外，与正常对照组相比，抑郁症患者组对紫色的偏爱度较高，而对橙色的偏爱度较低，表明抑郁症患者偏爱冷色调而非暖色调。王琛（2019）研究发现，黑色色块和色词能够启动抑郁易感大学生的消极情绪。灰色往往给人单调、压抑、灰蒙蒙的感觉，常让人联想到乌云密布的天空而出现压抑的心境。黑色多象征未知和无意识，也常常让人感觉恐惧，它对应着个体的情结与阴影。较多抑郁个体使用黑色并涂制更大的区域，说明其可能面临更多的情结与阴影，也可能体验更多与恐惧和害怕有关的情绪。黄色是明亮的颜色，通常被联想为太阳、光明，象征温暖、智慧、权力、追求、骄傲及神圣。它通常被视为明亮、温暖、活泼的颜色，因此也常被用来象征快乐、活力和积极的情绪，它带有阳光般的能量，可以激发希望和动力。橙色由红色和黄色调和而成，兼具红色和黄色所象征的含义，是暖色系中最温暖的颜色，代表着热情、活力、温暖和积极向上的精神。在本研究中，黑色使用、灰色使用均能显著正向预测抑郁的发生率，而黄色使用呈极显著负向预测抑郁的发生率。在冷暖色调分布中，抑郁组以中心冷色、外围冷色为主，正常组以中心暖色、外围暖色为主。曼陀罗的中心往往具有特殊意义，它象征着自性，也象征真实的自我；而外周是个体与外界的接触，象征着表层自我。根据物理学上热胀冷缩的原理，暖色调向外辐射，冷色调向内收缩。抑郁组内冷外冷的颜色分布特点，使曼陀罗的内外能量处于收缩状态，能量无法得到有效的疏泄与释放，有一种淤滞感。暖色调的介入和使用，可以促进能量的流动和疏通。而色彩调和程度意味着绘画者自我的注意力及整合对立的能力，本研究中，抑郁组的色彩调和程度显著低于正常组，意味着其当下面临更多对立冲突，导致内心和谐程度和情绪平稳程度较低，面临更多整合上的议题和挑战。

在结构特征方面，两组在线条浓淡和涂色留白空间方面具有显著差异。抑郁组以线条浅淡为主。线条浅淡一般认为个体心理能量不足，或存在身体不适、稍显疲乏无力、精神状态欠佳。线条浅淡也是情绪低迷的表现，表明绘画者的忧郁。周婉宁（2014）的一项研究表明，抑郁症中出现线条浅淡的有 46.8%，进一步说明抑郁者的无力感及情绪低落可透过绘画线条的力度来体现。

联想内容特征方面，它是对绘画作品的反思与总结，同时激发绘画者潜意识的情绪、动机和愿望等。抑郁组更偏向于消极联想和中性联想，这与抑郁症的典型特征有关。抑郁症患者多表现为兴趣减退、思维迟缓、动力不足等特征，会出现无望、无助、无价值的情绪体验以及自责、自罪、自杀的行为，因此联想内容多表现为负性思维。但抑郁组更多比例中性联想的出现以及正常组更多比例积极联想的出现，可能也从侧面体现了曼陀罗绘画潜在的对负性情绪及思维的影响与转化作用。

第三节 非结构式曼陀罗绘画作品特征差异

在颜色、结构、意象、命名、联想等五个大类指标方面，抑郁组和正常组之间均存在显著差异。以下内容仅对两个组差异显著的作品特征进行分析。

一、抑郁组和正常组非结构式曼陀罗绘画作品颜色差异

在颜色特征方面，共有 8 项特征差异显著，分别为：颜色种类（$p < 0.001$）、红色使用（$p < 0.001$）、黄色使用（$p < 0.001$）、补色—红绿（$p < 0.01$）、色彩调和程度（$p < 0.01$）、补色使用（$p < 0.01$）、绿色使用（$p < 0.05$）和橙色使用

（$p < 0.05$）。

在颜色种类上，单色使用的情况，抑郁组有 8 人，占比 26.7%；正常组没有出现这一指标。颜色运用四种以上的，抑郁组有 13 人，占比 43.3%；正常组有27 人，占比 90%。

在红色使用上，抑郁组红色使用较为平均，各 15 人，分别占比 50%；正常组有 28 人使用红色，占比 93.3%。

在黄色使用上，抑郁组以未使用黄色为主，有 21 人，占比 70%；正常组以使用黄色为主，有 25 人，占比 83.3%。

在补色使用及补色类型上，抑郁组以未使用补色为主，有 17 人，占比 56.7%；正常组以有使用补色为主，有 23 人，占比 76.7%。在补色类型上，抑郁组未使用补色—红绿的人数有 21 人，占比 70%；正常组中使用补色—红绿的有 21 人，占比 70%。

在色彩调和程度上，抑郁组的色彩调和程度多为较差，有 13 人，占比43.3%；正常组的色彩调和程度多为较好，有 17 人，占比 56.7%。

在绿色使用上，抑郁组有 16 人使用绿色，占比 53.3%；正常组有 24 人，占比 80.0%。

在橙色使用上，抑郁组有 12 人使用橙色，占比 40%；而正常组有 20 人，占比 66.7%。

因此，在颜色特征方面，抑郁组相较正常组使用的颜色种类较少，较少出现红色、黄色、橙色和绿色，也较少使用补色，且补色—红绿较少，色彩调和程度较差。

表 4-5　抑郁组和正常组非结构式曼陀罗绘画的颜色差异

特征		抑郁组（比例）	正常组（比例）	χ^2	p
颜色种类	单色	8（26.7%）	0（0.0%）	15.900***	0.000
	两至三种	9（30.0%）	3（10.0%）		
	四种及以上	13（43.3%）	27（90.0%）		
红色使用	无	15（50.0%）	2（6.7%）	13.871***	0.000
	有	15（50.0%）	28（93.3%）		
橙色使用	无	18（60.0%）	10（33.3%）	4.286*	0.038
	有	12（40.0%）	20（66.7%）		

（续上表）

特征		抑郁组（比例）	正常组（比例）	χ^2	p
黄色使用	无	21（70.0%）	5（16.7%）	17.376***	0.000
	有	9（30.0%）	25（83.3%）		
绿色使用	无	14（46.7%）	6（20.0%）	4.800*	0.028
	有	16（53.3%）	24（80.0%）		
补色使用	无	17（56.7%）	7（23.3%）	6.944**	0.008
	有	13（43.3%）	23（76.7%）		
补色—红绿	无	21（70.0%）	9（30.0%）	9.600**	0.002
	有	9（30.0%）	21（70.0%）		
色彩调和程度	差	13（43.3%）	2（6.7%）	10.823**	0.004
	一般	6（20.0%）	11（36.7%）		
	好	11（36.7%）	17（56.7%）		

注：*表示$p<0.05$，**表示$p<0.01$，***表示$p<0.001$。

二、抑郁组和正常组非结构式曼陀罗绘画作品结构差异

在结构特征方面，共有4项特征差异显著，分别为：重复线条（$p<0.001$）、画面简单（$p<0.001$）、线条曲直（$p<0.01$）和圆形（$p<0.05$）。

在重复线条方面，抑郁组无重复线条的有17人，占56.7%；正常组多为无重复线条，有29人，占96.7%。

在画面简单方面，抑郁组多为画面简单，有23人，占76.7%；正常组画面简单的有6人，占20.0%。

在线条曲直方面，抑郁组多为直线，有23人，占76.7%；正常组多为曲线，有20人，占66.7%。

在圆形方面，抑郁组出现圆形的有14人，占46.7%；而正常组有23人，占76.7%。

因此，在结构特征方面，抑郁组相较正常组，较多出现直线、重复线条和画面简单的情形，而较少出现圆形。

表4-6 抑郁组和正常组非结构式曼陀罗绘画的结构差异

特征		抑郁组（比例）	正常组（比例）	χ^2	p
线条曲直	曲线多	7（23.3%）	20（66.7%）	11.380**	0.001
	直线多	23（76.7%）	10（33.3%）		
重复线条	无	17（56.7%）	29（96.7%）	13.416***	0.000
	有	13（43.3%）	1（3.3%）		
画面简单	无	7（23.3%）	24（80.0%）	19.288***	0.000
	有	23（76.7%）	6（20.0%）		
圆形	无	16（53.3%）	7（23.3%）	5.711*	0.017
	有	14（46.7%）	23（76.7%）		

注：*表示$p<0.05$，**表示$p<0.01$，***表示$p<0.001$。

三、抑郁组和正常组非结构式曼陀罗绘画作品意象差异

在意象特征方面，有2项特征差异显著，分别为：绘制意象（$p<0.01$）和植物（$p<0.01$）。在绘制意象上，抑郁组以无绘制意象为主，有19人，占比63.3%；正常组以有绘制意象为主，有23人，占比76.7%。

在具体的意象内容方面，有关植物的意象两组存在显著差异。抑郁组以无植物意象绘制为主，有25人，占比83.3%；正常组以有植物意象绘制为主，有16人，占比53.3%。

因此，在意象特征方面，抑郁组相较正常组未绘制具体意象的情形更多，绘画作品中出现植物的意象更少。

表4-7 抑郁组和正常组非结构式曼陀罗绘画的意象差异

特征		抑郁组（比例）	正常组（比例）	χ^2	p
绘制意象	无	19（63.3%）	7（23.3%）	9.774**	0.002
	有	11（36.7%）	23（76.7%）		
意象—植物	无	25（83.3%）	14（46.7%）	8.864**	0.003
	有	5（16.7%）	16（53.3%）		

注：**表示$p<0.01$。

四、抑郁组和正常组非结构式曼陀罗绘画作品命名差异

在命名方面，抑郁组与正常组之间存在显著差异（$p < 0.01$）。抑郁组中未命名的有1人，占比3.3%；正常组中该项指标未出现。命名为消极主题的，抑郁组中有8人，占比26.7%；正常组中仅1人，占比3.3%。命名为中性主题的，抑郁组有19人，占比63.3%；正常组有17人，占比56.7%。命名为积极主题的，抑郁组仅2人，占比6.7%；正常组有12人，占比40%。

在绘画作品的命名上，相较于正常组，抑郁组出现消极主题、中性主题的情形更多，积极主题的情形更少。

表4-8　抑郁组和正常组非结构式曼陀罗绘画的命名差异

特征		抑郁组（比例）	正常组（比例）	χ^2	p
命名	无	1（3.3%）	0（0.0%）	12.886**	0.005
	消极主题	8（26.7%）	1（3.3%）		
	中性主题	19（63.3%）	17（56.7%）		
	积极主题	2（6.7%）	12（40.0%）		

注：**表示$p < 0.01$。

五、抑郁组和正常组非结构式曼陀罗绘画作品联想差异

在联想内容方面，抑郁组与正常组之间存在显著差异（$p < 0.001$）。抑郁组出现无联想内容和消极内容的分别有2人（6.7%）和7人（23.3%），而正常组中这两项指标未出现，均为0。抑郁组主要以中性联想为主，有15人，占比50%；正常组主要以积极联想内容为主，有21人，占比70.0%。

在联想内容上，相较于正常组，抑郁组出现中性内容、消极内容的情形更多，出现积极内容的情形更少。

表4-9　抑郁组和正常组非结构式曼陀罗绘画的联想内容差异

特征		抑郁组（比例）	正常组（比例）	χ^2	p
联想内容	无	2（6.7%）	0（0.0%）	18.833***	0.000
	消极内容	7（23.3%）	0（0.0%）		
	中性内容	15（50.0%）	9（30.0%）		
	积极内容	6（20.0%）	21（70.0%）		

注：＊＊＊表示 $p < 0.001$。

六、非结构式曼陀罗绘画特征在不同组别的回归分析

本研究在交叉表分析的基础上，对不同组别间的非结构式曼陀罗绘画特征做回归分析，从而预测和判断抑郁变量，以达到更精确的心理评估。根据研究目的和变量类型，统计方法采用 Logistic 回归。分别以被试组为因变量，以 χ^2 检验差异显著的 16 个非结构式曼陀罗绘画特征为协变量，建立 Logistic 回归模型。

选取上述频数统计选定的评价结果进行逐步回归分析，被试组别（0 = 正常组，1 = 抑郁组）为因变量，上述 χ^2 检验差异显著的 16 个非结构式曼陀罗绘画特征为协变量。分析结果见表4-10。Logistic 回归分析结果显示，有 4 个非结构式曼陀罗绘画特征进入回归方程，$\chi^2 = 51.744$，$p = 0.000$，所以 Logistic 回归方程有统计学意义。

表4-10 所示的各回归系数整理出青少年抑郁症患者非结构式曼陀罗绘画特征的回归方程，用 Nagelkerke R^2 系数对其解释能力进行检验。回归方程式如下：$Z_2 = \ln(p\,抑郁/p\,正常) = 2.912 + 2.865 \times 画面简单 + 3.057 \times 重复线条 - 3.285 \times 黄色使用 - 3.737 \times 红色使用。

表4-10　非结构式曼陀罗绘画特征对青少年抑郁症的 Logistic 回归分析结果

特征及变量	B	S.E.	Wald	df	p	OR	OR 95% CI 下限	OR 95% CI 上限
红色使用	-3.737	1.456	6.589	1	0.010**	0.024	0.001	0.413
黄色使用	-3.285	1.213	7.334	1	0.007**	0.037	0.003	0.403
重复线条	3.057	1.244	6.039	1	0.014*	21.258	1.857	243.418
画面简单	2.865	1.169	6.006	1	0.014*	17.543	1.775	173.424
截距	2.912	1.457	3.996	1	0.046*	18.399	173.424	

注：＊表示 $p < 0.05$，＊＊表示 $p < 0.01$。

如图 4 - 5 所示，其中红色使用和黄色使用均对抑郁呈显著的负向影响，即绘画作品中使用红色则患抑郁的比率增加 0.024 倍；使用黄色则患抑郁的比率就增加 0.037 倍。而重复线条和画面简单特征则显著正向预测抑郁，即绘画作品中出现重复线条，则患抑郁的比率就增加 21.258 倍；若绘画作品画面简单，则患抑郁的比率将增加 17.534 倍。Nagelkerke R^2 值为 0.770，Nagelkerke R^2 值反映方程具有较高的解释水平，表明非结构式曼陀罗绘画特征属于可以接受的水平。Logistic 回归方程预测了 26 例青少年抑郁症患者，准确率为 86.7%（26/30）；Logistic 回归方程预测了 29 例青少年正常个体，准确率为 96.7%（29/30），总预测准确率为 91.7%（55/60）。

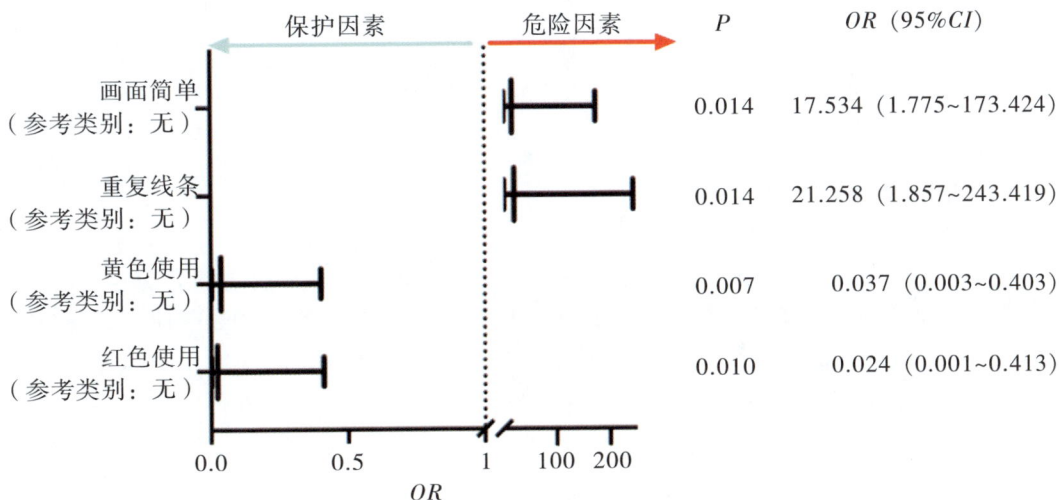

图 4 - 5　大学生抑郁的非结构式曼陀罗绘画特征影响因素森林图

在回归分析的基础上，计算各样本的预测概率 B。其中，抑郁组和正常组为状态变量，预测概率 B 为检验变量，绘制 ROC 曲线图，如图 4 - 6 所示。结果表明，曲线下面积为 0.954，标准误差为 0.028，模型拟合效果良好，建立的回归方程可以预测模型。

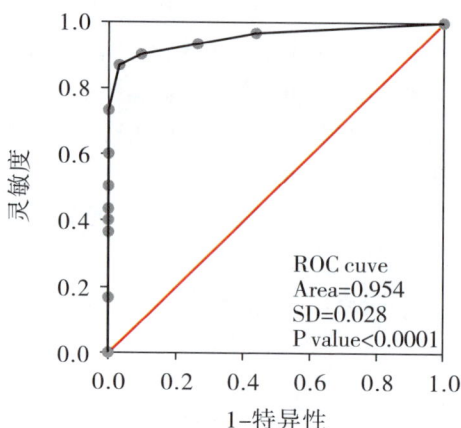

ROC cuve
Area=0.954
SD=0.028
P value<0.0001

图 4 – 6　非结构式曼陀罗绘画预测抑郁的 ROC 曲线图

七、讨论与分析

在 44 项非结构式曼陀罗绘画的特征之中，抑郁组与正常组之间有 16 项存在显著差异，分别是颜色种类、红色使用、橙色使用、黄色使用、绿色使用、补色使用、补色—红绿、色彩调和程度、线条曲直、重复线条、画面简单、圆形、绘制意象、意象—植物、命名以及联想内容。有 4 项进入了回归方程，分别是：红色使用、黄色使用、重复线条以及画面简单。后续按照颜色特征、结构特征、意象、命名和联想 5 个部分进行探讨。

在颜色特征方面，非结构式曼陀罗绘画中的抑郁组在颜色种类上显著少于正常组，而结构式曼陀罗绘画中两组无显著差异。颜色的使用是用于描述心理状态的符号，颜色的数量及种类体现了个体对生活的态度和心理的丰富程度。结构式曼陀罗绘画相较于非结构式曼陀罗绘画来说，其固有的结构安排和涂色要求，可能会更少引发个体的焦虑，从而有助于绘画者比较放松地选择颜色并完成涂色。进而也可能说明相较于非结构式曼陀罗绘画，结构式曼陀罗绘画在增强个体的心理丰富性上是更有帮助的。有关黄色使用方面，非结构式曼陀罗绘画中抑郁组使用更少，这个结果与结构式曼陀罗绘画的结果一致，进一步表明黄色使用这一特征在抑郁评估中的稳定性。另外，抑郁组在红色使用、橙色使用以及绿色使用上要显著低于正常组，这也与以往的研究结果一致。冉曼利等（2018）对住院抑郁症患者的颜色偏好研究表明，抑郁症患者对橙色的偏好程度显著低于正常组。陈非等（2018）的研究表明，双相障碍抑郁患者在治疗后，对红色和橙色的偏好上升，说明红色、橙色可以改善抑郁情绪。王琛（2019）通过颜色对抑郁易感大学生的情绪阈下触发效应进行实验，发现红色和绿色能够激发正常大学生的积极情绪，尤其是黄色。可见，在非结构式曼陀罗绘画作品中，更多出现黄色、红色、橙色等颜色时，是个体抑郁情绪缓解的表现。在补色使用方面，抑郁组少于正常组，尤其是补色—红绿类型。补色的使用一般体现了内心紧张的关系及矛盾冲突程度。之所以出现抑郁组反而少于正常组的情形，可能跟所使用的颜色种类有关，正常组使用颜色种类四种以上的情况居多，这也为补色的出现创造了条件；另外也可能跟评定标准有关，评定时只要存在红—绿、黄—紫、蓝—橙即认为存在补色，有时这些颜色其实并未相邻出现。色彩调和程度一般反映个体的自我注意力以及整合对立的能力，调和越好证明情绪越平稳。本研究中，抑郁组的色彩调和程度较差，这一发现同结构式曼陀罗绘画作品相一致，表明个体的情绪处于不平稳和自我整合较差的状态。

在结构特征方面，两组在线条曲直、圆形、重复线条和画面简单四项特征上有显著差异。曲线给人温润圆融之感，而圆形属于曲线，常象征保护、聚拢、循环往复、能量、动力、温暖与和谐。抑郁的人存在精神运动性的改变，表现为思维迟缓、生活形式单一、刻板，因此，绘画时抑郁患者多会绘制直线条，绘制圆形的形状也显著低于正常组。"重复线条"和"画面简单"两项指标的差异极其显著，抑郁组比正常组高出很多，并且两项特征也进入回归方程。线条重复涂抹可能是一种犹豫不决、缺乏自信的表现，也可能是一种内在的不安，希冀自己可以变得更加完美，进而不断重复和修改线条。而画面简单可能反映了抑郁个体兴趣减退或内在心理能量的缺失。在抑郁大学生的箱庭作品研究中，也有类似发现，即相较无抑郁倾向组，抑郁倾向组的玩具使用总数和类型更少，出现空乏主题情况更多（林雅芳、张日晟，2021）。

在意象特征方面，抑郁组和正常组在绘制意象上存在显著差异，抑郁组绘画作品中出现"植物"意象的比例远低于正常组。Franco 等（2017）的研究中表明，植物以绿色为主，是一种低唤醒和被人偏爱的颜色，可以阻挡城市的喧嚣并带来宁静感，从而缓解日常生活的压力。同时，植物往往也象征了生命力和能量，这也进一步投射了抑郁组的内在生命力和能量的相对不足。绘制意象较少，与绘画中使用颜色较少及箱庭中使用玩具数量较少具有同样的意义，可能代表当事人内在世界空乏。

在命名和联想内容方面，抑郁组与正常组之间存在显著差异。根据绘画中对作品的命名和联想，不仅可以使咨询师了解来访者当下的心理状态，也可使绘画者自身对自己的绘画作品进行总结，从而能够自我觉察。意志瘫痪是抑郁的主导症状之一，抑郁患者倾向于将自己看作在某种程度上是无能的、有缺陷的、无价值的，从而产生习得性无助的负性思维模式，这与本研究中所发现的抑郁组在命名和联想内容特征上更偏好消极主题和中性主题是一致的。

第四节　曼陀罗绘画作品分析

为了更直观地了解大学生抑郁的风险特征，特遴选了研究被试的绘画作品进行分析。第一部分主要是做抑郁组与正常组的结构式曼陀罗绘画作品和非结构式曼陀罗绘画作品的对比分析。第二部分主要对抑郁组的绘画作品进行分析。

一、抑郁组与正常组对比分析

（一）结构式曼陀罗绘画作品分析

A　　　　　　　　　　　B

图4-7　抑郁组（A）和正常组（B）的结构式曼陀罗绘画作品

《恐惧占据我一整颗心脏》	《咕噜咕噜》
抑郁得分：94	抑郁得分：31
黑色使用 ☑	黑色使用 ☐
灰色使用 ☑	灰色使用 ☐
黄色使用 ☑	黄色使用 ☑
橙色使用 ☐	橙色使用 ☑
色彩调和程度：差	色彩调和程度：一般
联想内容：消极内容	联想内容：积极内容

图 4-7 中的 A 是抑郁组被试在刚住院时绘制的第一幅结构式曼陀罗作品。在色彩上，以黑色、灰色和红色为主，色彩调和程度较差，大面积的红—黑对比，产生强烈的视觉冲击，自我的整合能力有待提升。虽然在本幅画中出现了黄色，但是在最小区域中的两个圆中进行绘制，且外围被黑色重重包围，也可能象征着内在是存在着热情与活力的，但是被情结或阴影的部分所禁锢。中心部分的蓝色与玫红色被六芒星的黑色所包围，六芒星外围的红色被外圈的灰色和黑色所包围，内在的能量是被禁锢与束缚的，这与抑郁症患者最常体验的无助、无力是一致的。曼陀罗的中心往往象征自性，中心的蓝色象征着平静、开阔与深邃，同时，蓝色是大海的颜色，也可能象征着无意识，具有蓝宝石或者智慧的象征。当事人有着未觉察的部分，同时也具有内在的智慧与灵性等待开启。在结构上，被试的笔触比较均匀，自我控制能力较好。在意象方面，作品命名为《恐惧占据我一整颗心脏》，红色部分被想象成心脏，心脏是跳动的、鲜活的，表明个体对生命的热爱和对躯体的认同。但心脏周围被黑色和灰色所围绕，代表其面临着一些现实困难与挑战。被试自述当前正经受着无法释怀的言语暴力、嘲笑、孤立以及家人朋友的不理解，进而产生恐惧害怕的心理。本幅作品需要关注的积极因素是中心蓝色的圆（宝石、智慧）、黑色中黄色的小圆（活力、热情），以及红色区域的变大且两个外圈黑色的变淡（灰色次外圈）和面积变小（黑色最外圈）。体现了内在的灵性、力量与智慧，以及桎梏的由内到外的一种减弱的趋势。

图 4-7 中的 B 是正常组的一位被试所绘制的作品。在色彩上，以黄色、橙色、红色、绿色、紫色居多，整体来看，暖色使用比较多，冷暖色分布上属于中间冷色，外围暖色，且色彩之间有一定的秩序性，色彩调和程度好于 A，颜色种类上也比较多。从颜色的特征可以看出：在颜色种类上表明 B 的内在心理丰富性很充沛；在冷暖色的使用上暖色多且冷暖色比较均衡，象征了个体的活力、热情、温暖、喜悦这些外倾特征，同时又具备清新、希望、沉稳、神秘、平静、深邃等内倾的特征，内外倾比较平衡；在色彩调和程度方面也预示其具有较好的自我和谐度。在结构上，笔触使用适中，具有较好的自我力量及控制性。在意象上，联想的内容是森林、青青草地和橙子，且绘制完后的感受是开心。所联想的内容跟大自然紧密相关，且都是有生命力的事物，既有土壤，又有树木和果实，象征着对有关成长和成就的积极预期。但内冷外暖的颜色分布，根据物理学上热胀冷缩的原理，冷色具有收缩、暖色具有向外辐射的规律。B 中曼陀罗的中心为冷色，而外周为暖色，外周的暖色调向外辐射，而中心冷色向内收缩，内冷外热的结构会导致曼陀罗出现分裂的情况。内外能量的良好沟通是需要关注的部分。

（二）非结构式曼陀罗绘画作品分析

A

B

图4-8 抑郁组（A）和正常组（B）的非结构式曼陀罗绘画作品

《走进圆形里的三角形》
抑郁得分：55
颜色种类：1
红色使用 ☐
黄色使用 ☐
绿色使用 ☐
重复线条 ☑
画面简单 ☑
命名：中性主题
联想内容：消极内容

《星球》
抑郁得分：35
颜色种类：8
红色使用 ☑
黄色使用 ☑
绿色使用 ☑
重复线条 ☑
画面简单 ☐
命名：中性主题
联想内容：积极内容

　　图4-8中的A是被试在刚住院时所绘制的一幅非结构式曼陀罗绘画作品。在色彩方面，只使用了一种颜色：黑色。在结构方面，线条流畅性较差，有重复涂抹的情形，且绘制主要聚集于中心，体现绘画者能量聚集于中心而无法向外在辐射与分化。整体画面比较简单，圆内大片留白空间，可能反映了绘画者内在的空乏感。作品命名为《走进圆形里的三角形》，联想的内容是"不被理解"，反映了个体与外在之间的对立与不相容。且三角形绘制在曼陀罗的中心，画面更多表现了向心性，有种从外周向中央集中紧缩的感觉，暗示着自性正在发挥着凝聚

的功能。但未有指向外周的相关绘制，也可能预示个体内心的能量与潜能无法得到流动与施展。三角形的意象具有角，给人尖锐的印象，既对应着紧张与冲突，也象征着进取与突破。三角形在圆中，虽与圆是"对立"的存在，但又被圆涵容其中，所以又蕴含着三角形所寓意的进取与突破又是被允许和涵容的。细看可以发现，三角形的中心，即曼陀罗的中心点，也绘制着一个黑色的圆点，即圆点在三角形中，三角形在曼陀罗的大圆之中，整个图形有着包含与被包含的关系，这种关系可能对于当事人内心有关"走进圆中的三角""不被理解"的对立冲突，具有潜在转化的可能性，即改变与转化本就蕴含在"问题"之中。

　　图4－8中的B是正常组一位被试所绘制的作品。在颜色方面，使用了包含红色、绿色、棕色、紫色、黄色、蓝色等在内的8种颜色，颜色种类比较丰富，意蕴个体内部的心理丰富性水平较高。在结构上，曲线使用较多，预示个体情感功能较强，线条比较柔和，显示心理比较平和。整体画面涂得比较满当，且有对称和秩序感，象征内在力量的充沛以及内心的平衡。在意象上，绘制了土地、树根、结满苹果的壮硕的果树、太阳、月亮、星星和云朵。土地往往象征了归属与滋养，图中所绘制的近三分之一高度的棕色土壤，象征了个体具有厚实的外在支持。树木往往象征着生命的能量，其中树根代表本能和潜意识，树干代表情绪，树冠代表精神与智能，树的大小表明个体的能量水平状态。在绘画作品中绘画者专门绘制了土壤中多条向下延展的树根，显示了其对潜意识部分的关注；树干较粗且无疤痕，代表其情绪比较稳定且成长较顺利；树冠较大且满是果实，反映绘画者在现实环境中表现力较强，且充满希望和活力。树整体偏大也象征个体的能量水平偏高。树周围的太阳、月亮、星星和云朵（左右各一个太阳、一朵云、两个月亮和三个星星），更多绘制在图画上方的意识和精神区域，蕴含着能量、静谧、平静和指引之意。作品命名为《星球》，联想的内容是"茁壮成长的生命"，都反映出个体内在力量的充沛及与外在环境之间的良性互动。此幅作品中需要特别予以关注的有两个部分，一是笔触较重且有重复涂抹的棕色土壤部分，这部分象征了个体的本能和无意识部分，同时也象征了孕育树木成长的外在环境部分，过重的笔触和重复的涂抹，可能蕴含着个体有聚积于此的未能探索的能量；二是树冠的外围蓝色曲线线条部分，绘画者特意用线条绘制了树冠的外围，同时也有重复线条的情形，可能意味着其想对自己的外在表现有所修饰与控制，而相对过大的树冠也可能体现了当事人处于自我与现实之间的一种调整中的关系。且这两个部分是有点呼应的，虽然在茁壮成长，但也面临一些限制与调整。

二、抑郁组的绘画作品分析

为了更好地认识抑郁组大学生绘画作品的特点，我们特别对抑郁组的非结构式曼陀罗绘画作品进行了整理，遴选出两组作品（第一组 6 幅，第二组 4 幅），第一组的典型特点是，在非结构式曼陀罗绘画作品中，被试并未在圆内绘制具体的意象，而是通过颜色涂抹或重复线条的形式，将整个圆填满（见图 4 - 9）。在抑郁组的 30 幅非结构式曼陀罗绘画作品中，存在此类情况的作品共计 12 幅，而正常组中此类情形只有 4 幅，所以单独将此类作品进行呈现分析。第二组的典型特点是在绘画作品中绘制了具体的意象，而具体意象均表达了一个相近的主题：受困与痛苦（见图 4 - 10）。虽然是消极主题，但每幅作品中又都蕴含了积极的要素和改变与转化的可能性。

图 4 - 9 的 6 幅作品，均是简单的颜色涂抹或线条重复涂抹，有点像是无意识的涂鸦。2 岁和 2 岁以下的儿童在进行绘画时，多是以无意识的涂鸦为主。涂鸦是自由表达的最好的方法，儿童能够从涂鸦中体验到更多的快乐和信心。作为 17～25 岁的个体，仍选择用涂鸦的方式进行曼陀罗的绘制，可能说明这些被试更希望能够放松地进行绘制；也可能显示了一定心智水平的退行；或者可能是这些个体的心理能量不足，更愿意采用消耗心力较少的形式来完成绘制。从线条上来看，只有《大星球》这幅作品相对较流畅，线条浓淡比较适中，其他几幅的线条流畅性和连贯性都相对较差。《篮球》和《渡》的线条较淡，《圆》和《彼岸花》的线条有些杂乱。虽然在绘制时没有绘制具体的意象，但大多数被试在绘制完之后，将整个绘制作品形成了具体的意象或具体意象的联想，比如：星球、头发、篮球、彼岸花、足球、球、彩虹等。在命名或联想的内容中，依据形状来进行命名或产生联想的情况较多，比如球类物品或头发等。也有一些发散后的联想内容，比如彼岸花、彩虹，还有的联想到光明、墙外的自由等。

《篮球》

《渡》

《大星球》

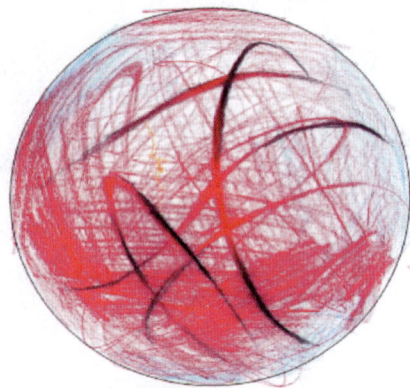

《圆》

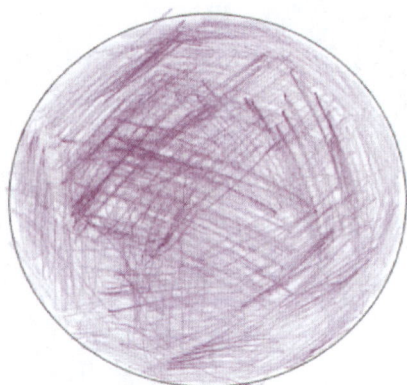

《彼岸花》

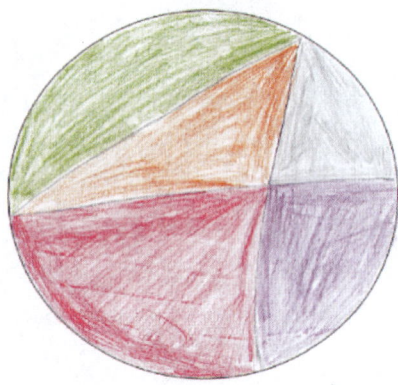

《曼陀罗》

图4-9 抑郁组线条/色块满涂的非结构式曼陀罗绘画作品

图4-10的4幅作品的命名分别是《告死天使》《束缚》《渴望光明》和《被困住的自由》，从命名上均能感受到死亡、受困与痛苦。而受困、无力、无助是抑郁症患者的典型体验。除此之外，几幅作品虽然直观表达了痛苦与受困等主题，但均蕴含着保护性、转化性的元素，这些更需要分析者去关注和理解。有意思的一点是，绘画者多在绘制完成后，也觉察到了保护性和转化性的元素的意义，这可能也是曼陀罗绘画能够成为干预工具的条件和基础。

《告死天使》

《束缚》

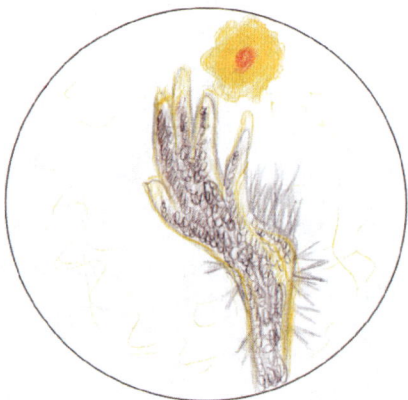

《渴望光明》

《被困住的自由》

图4-10　抑郁组受困主题的非结构式曼陀罗绘画作品

《告死天使》作品的联想内容是"冥界的使者，蝴蝶是她的信使，战争时她会出现，带来死亡的讯息"。作品中的意象出现了左右两边的骷髅头，左方手中握有宝剑，右方手中握有锁链。中间使者的脖子上也拷有锁链，闭着的眼睛中留下红色的血泪。枯萎和腐烂的植物一般是棕色，使者周围大片的棕色也意味着死亡与腐朽。整幅画弥漫着与死亡有关的气息。针对此案例，需要特别关注其自杀议题。绘画者将蝴蝶意象化为冥界使者的信使，认为它是带来死亡讯息的。由于蝴蝶是由毛毛虫蜕变而来，它往往象征心灵的转化，毛毛虫由出生到结茧再到破茧成蝶，它也有自我更新与重生的意义。作品中蝴蝶身躯的棕色接近红色，比其周围的棕色亮度要高，且边缘绘制了浅蓝色。所以，在这位被试身上，需要与之确认的是，在其内心蝴蝶所象征的自我更新与重生是由真正生理意义上的死亡所产生的重生，还是可能蕴含着心理上的转变所意味的重生？前者需要关注自杀风险评估与干预，后者需强调当下遭受痛苦对心灵转化的价值与意义。戴维·H.罗森（2015）认为，自我必须在重度抑郁中象征性地死亡才会出现有意义的改变和恢复。有时候死亡也意味着是消极的父母内向投射物的死亡和重新组织好的自我的重生，这个新的自我"代表着与自性更加类似、更能反映自性的事物"。抑郁越严重，它所含有的自我谴责成分和受压抑的对自己的反抗成分也就越多，对需要象征性死亡的消极自我认同的反抗成分也会变得越大。具有自杀倾向的人，具有更加强烈的对精神重生的渴求，这个意义上的死亡更多是被视为自我的死亡，由于与自性失去了联系，因而也与生命的意义失去了联系，而重生往往意味着重新获得这种联系，确认生命的意义。

《束缚》与《告死天使》两幅作品中，具有很多相近元素，比如都有锁链和绳索；都是闭着或蒙着眼睛；身体服装的颜色都是全幅画中亮度最高的，一个是红色，一个是紫色；左右都各有一个象征恐惧或负面的事物，一个是骷髅，一个是黑狗；而且整个画面都是左右对称的。《束缚》的联想内容是"让我想到我被生活压得喘不过气，以及被'焦虑症''抑郁症'这两个永不离弃的'朋友'遮住了光，看不到希望，但是我相信总有一天我会与它们和解"。作品中，被蒙住眼睛的红裙长发女孩被固定在长满花朵的十字架上，左右手臂分别被一只黑狗用绳索牵住。这两只黑狗在被试那里被知觉为"焦虑症"和"抑郁症"，而且把它俩视作"朋友"。十字架、绳索、黑狗、蒙住的眼睛，如其所命名的是感觉被"束缚"住。十字架是基督教的重要象征，它是处决耶稣的刑具，具有处决的意义。而耶稣死后再生，十字架又具有永恒生命的象征。同时，十字的核心是由竖轴和横轴的交叉点构成，是将二元性合为单一的整体，所以它也具有整合对立的意义。被试感受到被焦虑症和抑郁症所桎梏，但又使用"朋友"来称呼二者，同时相信总有一天会与它们和解，这种和解本身也蕴含着整合后的再生的意义。

作品中十字架上的花朵、红色的裙子，都象征了生命的能量和热情，转化的意义蕴含其内。《束缚》和《告死天使》中，均有桎梏和受困的内在感受，同时也都蕴含再生或重生的转化要义。临床工作者在干预工作中可关注作品中具有转化意义的象征及意象。

《渴望光明》这幅作品的直观感受会让人产生强烈的不适，这种不适可直接体验绘画者心中的痛苦与挣扎。被试的联想内容是"满身伤痕却依然想走向阳光，也想被光照耀"。作品中满是刺的手掌伸向上方的太阳，虽然绘制的太阳不算大，但周围绘制了一大圈黄色的光晕，象征着绘画者所期待的温暖与能量。较为少见的是，在这幅作品中出现了较多比例的黄色，从前面研究结果可知，绘画作品中的黄色具有积极价值与意义。黄色确实很多时候会被联想为太阳和光明，这与被试的命名和联想相呼应。由对太阳、光明的联想，引发温暖和力量的感受。手掌外缘的黄色，以及包围手掌的黄色线条，寓意着保护与力量，手掌中的螺旋涂抹的黑色线条及扎满手掌的黑色荆棘象征着痛苦与伤痕，外围包裹的黄色和头顶散发大团光晕的太阳，是化解伤痕的资源与力量。临床工作中，可考虑让绘画者多关注太阳与周围的黄色，在想象中或绘制中逐渐将红色的太阳加大，将黄色区域扩展，来实现内在意象中有关温暖和力量的部分，转变对黑色部分影响的认识。

《被困住的自由》，作品名称很直观地表达了绘画者的内心。被困住的、所向往的有关自由的部分在图中是以方框的形式来体现的。方框中所象征自由的具体内容包括：青草地、树木、彩虹、云朵和帷幔。帷幔和方框具有同样的意义，"方框内的、帷幔内的，想象中的自由"，因此帷幔又在方框的基础上增加了"困住"的含义。绘画者有关作品的联想是"我没见过的外面的世界"，也进一步凸显了这是其所期待和向往的意境。青草地、树木、云朵，都与大自然相关，这可能与抑郁症患者住院不能自由活动而向往外界有关，当然也与大自然本身所具有的疗愈意义有关。作品中的彩虹，这一意象由七色组成，而且多在雨后出现，表示雨过天晴，象征经历了一番艰难的过程后，内心完成整合。所以，它是当事人内心一个积极的意象，彩虹的出现，意味着痛苦、磨难的结束。但作品中的彩虹一端连接树木，一端连接颜色有点重的云朵，也可能说明了艰难、痛苦还在转化的过程中，整合在进行中，彩虹在形成中。且颜色厚重的蓝色云朵位于绘画作品的右边，右边往往象征着未来，可能同未来相关的一些挑战在影响着彩虹的最终形成。临床工作者可对其解读有关彩虹的象征意义，同时引导其对蓝色云朵的象征意义进行分析，并对其如何应对进行探讨，以此来减弱转化过程中的挑战，增强其应对的信心。

第五章 大学生抑郁曼陀罗绘画自助干预绘本开发

第一节 大学生抑郁曼陀罗绘画自助干预绘本设计思路及依据

大学生抑郁曼陀罗绘画自助干预绘本的开发，也是本次研究的重点环节。在介绍具体的设计过程及设计内容之前，本节会先介绍一下国内同类绘本的设计及特点，然后再介绍我们研究团队所开发的大学生抑郁曼陀罗绘画自助干预绘本的设计思路及依据。

一、国内已出版曼陀罗绘本的设计

（一）常见曼陀罗绘本的设计

当前已出版的曼陀罗绘画绘本有多本，比如《心灵之路：曼陀罗成长自愈绘本》（陈灿锐、高艳红，2014b）、《遇见莲花》（克莱尔·古德温，2015）、《瓦伦汀娜的曼陀罗幻境》（瓦伦汀娜·哈珀，2016）、《窥见内心：心理学家的曼陀罗》（阿比盖尔·蒂姆·劳伦斯等，2016）、《神奇的曼陀罗》（玛莎·巴特菲德，2020）和《曼陀罗的秘密：都市身心灵疗愈之旅》（心印麦田，2016）等。

最简单的绘本设计，开头部分会有一个针对曼陀罗是什么以及曼陀罗有什么作用的简单介绍，然后就是很直观地呈现结构式曼陀罗的涂色模板，供绘画者进行涂色选择，最后在模板旁留出几张空白页供绘画者书写绘后的思考与联想，但未附有名人名句的启动或具体问题引导的思考。比如《窥见内心：心理学家的曼陀罗》即采用了此种设计。

稍微复杂一些的绘本设计，除了开头对曼陀罗的简单介绍之外，还会对绘画所需的工具、涂色理念、涂色要点等进行说明，然后呈现各幅设计好的结构式曼陀罗的涂色模板，在模板旁附上作家、诗人的名句或广为流传的谚语，比如：凡·高的"真正热爱大自然的人，到处都能发现美"，亚里士多德的"所有的自然之物都有绝妙之处"，爱默生的"大自然从不匆忙，她在一点一滴地完成着自己的工作"，谚语"面朝太阳，阴影就会落在身后"等。同时在名句旁留出可以书写的空间。这些名句的设计，具有一定的引导性，意在让当事人在进行曼陀罗绘制时，对名句的具体意涵进行思考和体悟，激活当事人内在的真、善、美。采用此种设计的绘本有《瓦伦汀娜的曼陀罗幻境》《遇见莲花》等。

更复杂些的绘本设计，会包含使用指南，用于详细介绍绘画顺序、绘前绘后思考设计的功能、曼陀罗绘画与美术创作的差异，同时附上使用步骤。还会单设前言部分，对曼陀罗绘画、绘本的特色与结构、适用人群等予以介绍。然后还会设计多个虽独立但又存在内在联系的篇章（每个篇章由多幅结构式曼陀罗和非结构式曼陀罗组成），并在呈现每个篇章时予以简单介绍。在曼陀罗的形式上也有所变化，不仅包含结构式曼陀罗，也包括非结构式曼陀罗。在所绘制的曼陀罗旁还会设置绘前思考问题和绘后思考问题以及可书写的留白空间。绘制模板和绘前绘后思考问题都是呼应篇章的，比如保护篇的结构式曼陀罗模板多是以环抱为特征，非结构式曼陀罗的绘前引导问题多是指导绘画者在曼陀罗中绘制出守护神、感觉绝对安全的地方、平安符、幸福时刻全家福等内容，而绘后思考问题相对比较统一，就是给作品命名并写下绘制作品完成后产生的联想等。采用此类设计的以《心灵之路：曼陀罗成长自愈绘本》为代表。

这些绘本基本未针对特定的人群，适用的范围比较广泛。在形式上，以结构式曼陀罗居多，多采用涂色的形式来进行曼陀罗的绘制，且涂色模板在结构、纹样上多是引进西方学者的设计，用来启动思考的名人名句也多出自西方的一些作家、诗人，较少采用中国文化的经典纹样和中国的名人名句。

但在绘本的设计形式及构成要素上，也在逐渐发生一些变化。比如由单一的结构式曼陀罗，扩展为纳入不同主题的非结构式曼陀罗；由"单一绘制"到"名人名句启动＋绘制＋反思"再到"特定主题绘前思考引导＋绘制＋绘后思考"。这些变化使绘本变得更加丰富，针对性有所加强，而且更加看重绘制后反思的意义与价值，将"情感"与"理性"更好地融合与平衡。

（二）结合中国传统文化元素的曼陀罗绘本设计

近年来，严虎博士的团队及陈灿锐博士的团队以中国传统文化元素为基础，研究并设计开发结构式曼陀罗的图案，将曼陀罗与本土文化进行结合。

严虎团队设计了彩绘曼陀罗成长卡片，在曼陀罗图案的设计中，特意融合了一定的中国传统文化元素，比如飞天图案、太阳神鸟图案、莲花座图案、太极图案、祥云图案等；有些在曼陀罗图案的中间部位放入象形文字或汉字，比如：定、福、慧、静、悟等；而且尽量与曼陀罗模板的图案相呼应，在旁边附有一句诗词，比如"神是气分气是命，神不外驰心自定""逍遥于天地之间而心意自得""山高月小，水落石出""天地与我并生，万物与我和一"等。诗词的引入，会具有一定的启动效应，影响着绘画者对曼陀罗卡片的涂色以及引发的联想。从图案、文字和诗词的选择来看，这些曼陀罗卡片意欲实现定、静、慧、悟的作用，平息绘画者内心的纷扰，使其实现内心的宁静，最终达到开悟的境界。

陈灿锐团队也尝试更多同中国传统文化结合起来设计曼陀罗绘本，并出版了《文化曼陀罗心灵疗愈绘本》一书。该书对应个体一般性的发展主题和任务，分列 8 个篇章，分别为婚姻爱情、亲子依恋、生涯规划、理想人格、身心健康、图腾自性、生死探索和宗教灵性。本书在结构式曼陀罗模板的设计上，也尽量结合了中国文化意义的图案，比如婚姻爱情篇中使用了并蒂莲图案、蝶恋花图案、龙凤图案、鸳鸯图案等；亲子依恋篇中借用了蛙纹、母子鹿图案、麒麟纹、瓜瓞绵绵图案等；生涯规划篇采用了博古纹、云龙纹、花卉纹、夔龙纹、聚宝盆图案、梅兰竹菊四君子图案等；理想人格篇采用了十二章纹、盘龙纹、斗兽纹、摩羯鱼纹、鹦鹉纹、岁寒三友图案、云中鹤图案等；身心健康篇使用了虎纹、忘忧草图案、牡丹图案、松鹤图案等；图腾自性篇使用了蟠龙纹、涡旋纹、太阳神鸟图案、四神兽图案等；生死探索篇借用了飞鹤图案、莲花纹、卷云纹等；宗教灵性篇选用了道教太极图案、儒家方圆图案、敦煌莲花藻井图案、敦煌彩云藻井图案、西藏坛城图案等。每一幅结构式曼陀罗模板都依据纹样和图案赋予了标题名称，这些名称对于绘画者的绘制选择和绘制内容具有一定的引导性。每幅结构式曼陀罗下方都设有一个二维码，扫描二维码可以了解有关图案的介绍和心灵的解读。非结构式曼陀罗模板的设计主要体现在绘前思考的问题引导上，依据篇章的主题，每幅非结构式曼陀罗会有针对性的绘制要求，比如婚姻爱情篇中，其中一篇非结构式曼陀罗的绘画指导是"在婚恋中，激情、亲密或承诺，你最想提高哪部分？请你画出这部分的理想状态"；在理想人格篇中，有一篇非结构式曼陀罗的绘制要求是"在实现梦想的征途上，你经常体验到的最强烈的消极情绪是什么？请在曼陀罗中用意象绘制出来"；在生死探索篇中，有一篇的绘制要求是"在你的内心世界，是否有一个令人向往的灵性世界（或世外桃源），如果有，请在曼陀罗中绘制出来"。而绘后思考的问题相对统一，即"为作品命名，写下绘后心情，体会作品带来的启发，思考在现实中如何落实"。除此之外，绘本对在使用时如何同中国古典音乐进行结合，也给予了相关指导与建议，比如彩绘《四君子曼陀罗》时可以听《高山流水》，彩绘《蝶恋花曼陀罗》时可以听《梁祝》，彩绘《斗兽纹曼陀罗》时可以听《十面埋伏》等。

严虎等的彩绘曼陀罗成长卡片与陈灿锐等的《文化曼陀罗心灵疗愈绘本》最大限度地尝试将彩绘曼陀罗的设计与中国传统文化进行结合，这种结合不仅包含经典纹样方面，严虎等尝试将原本由线条、形状、图案所组成的彩绘模板与汉字相结合；在启动句的安排上尝试与中国经典诗词相结合；而陈灿锐等有进一步深入的尝试，试图将绘画同音乐相结合，配合中国古典音乐来绘制结构式的文化曼陀罗。

但传统纹样的借鉴也有需要注意的地方，比如陈灿锐等的《文化曼陀罗心灵疗愈绘本》中结构式曼陀罗模板的纹样和图案选择很多直接来源于博物馆的文物图案，纹样本身的精美与细致，体现在涂色的模板上，多会显得绘制空间比较狭小和逼仄，有被限制的感觉，反而不利于绘画者进行自由、放松的绘制，从而实现情绪的表达与转化。同时，有些纹样直接摘自文物，而少做修改，虽然保有了曼陀罗的传统文化属性，但离绘画者的当下生活较远，现实性、亲近性不足，且对自由地进行投射有所干扰。还有，结构式曼陀罗其实比较看重图案的方圆结合，同时体现重复性和对称性的结构性特点，借由外在的有序才能更好地促进绘画者内在的有序，但部分模板过于关注图案意象所传达的意义，而忽视了结构上的重复、对称和有序的特点，这可能导致结构式曼陀罗原本所具有的功能被削弱。

二、本研究团队所开发的大学生抑郁曼陀罗绘画自助干预绘本的设计思路与依据

在设计绘本时，主要从情绪和认知两个角度出发，依据曼陀罗绘画所具有的能够激活自性的保护、分化、凝聚、整合、指引、超越及开悟功能，引入中国文化经典纹样和中国古典诗词，结合大学生抑郁的特定主题，来设计与开发针对抑郁的曼陀罗绘画自助干预绘本。

绘本的设计从曼陀罗绘画的形式上，包含结构式曼陀罗绘画和非结构式曼陀罗绘画。绘本共包含四个篇章，依次为涂色篇、诗词绘制篇、主题绘制篇、手绘篇。其中涂色篇和手绘篇为结构式曼陀罗，指绘画者在精心构思的曼陀罗图案上进行涂色或在空白纸张上利用绘画工具创作曼陀罗；诗词绘制篇和主题绘制篇为非结构式曼陀罗，指绘画者按照绘制要求在给定的空白大圆内进行绘画创作。

抑郁发生的机制比较复杂，国内外学者对此做了大量的研究，可精炼简化为从"情绪—认知"角度去予以认识和理解。情绪角度，即抑郁个体情绪信息加工特点为负性情绪信息在工作记忆系统中不能得到及时的转移和更新，促进抑郁症状的产生和维持。认知角度，即抑郁易感性个体倾向选择与消极图式一致的负性信息，出现负性认知加工偏向；认知控制功能损伤表现为其难以抑制对负性情绪信息的注意加工，导致其难以将注意力从负性情绪信息上脱离（韩含，2022）。情绪加工特点与认知控制之间相互作用，形成恶性循环，导致抑郁。前人研究表明，促进情绪与认知之间交流的最好方式，是激活大脑内侧前额叶皮层，增强个体自我意识，让个体感受内感觉，体验并觉知自己的情绪，进而帮助个体计划、反思及想象未来。在设计大学生抑郁曼陀罗绘画自助干预绘本时，本团队也充分

考量了抑郁发生的机制，从情绪和认知两个层面去激活绘画者的体验与表达，加强情绪和认知之间的沟通和交流，实现两个部分间的相互联系和整合。

大学生抑郁曼陀罗绘画自助干预绘本的设计思路如下（见图5－1）：

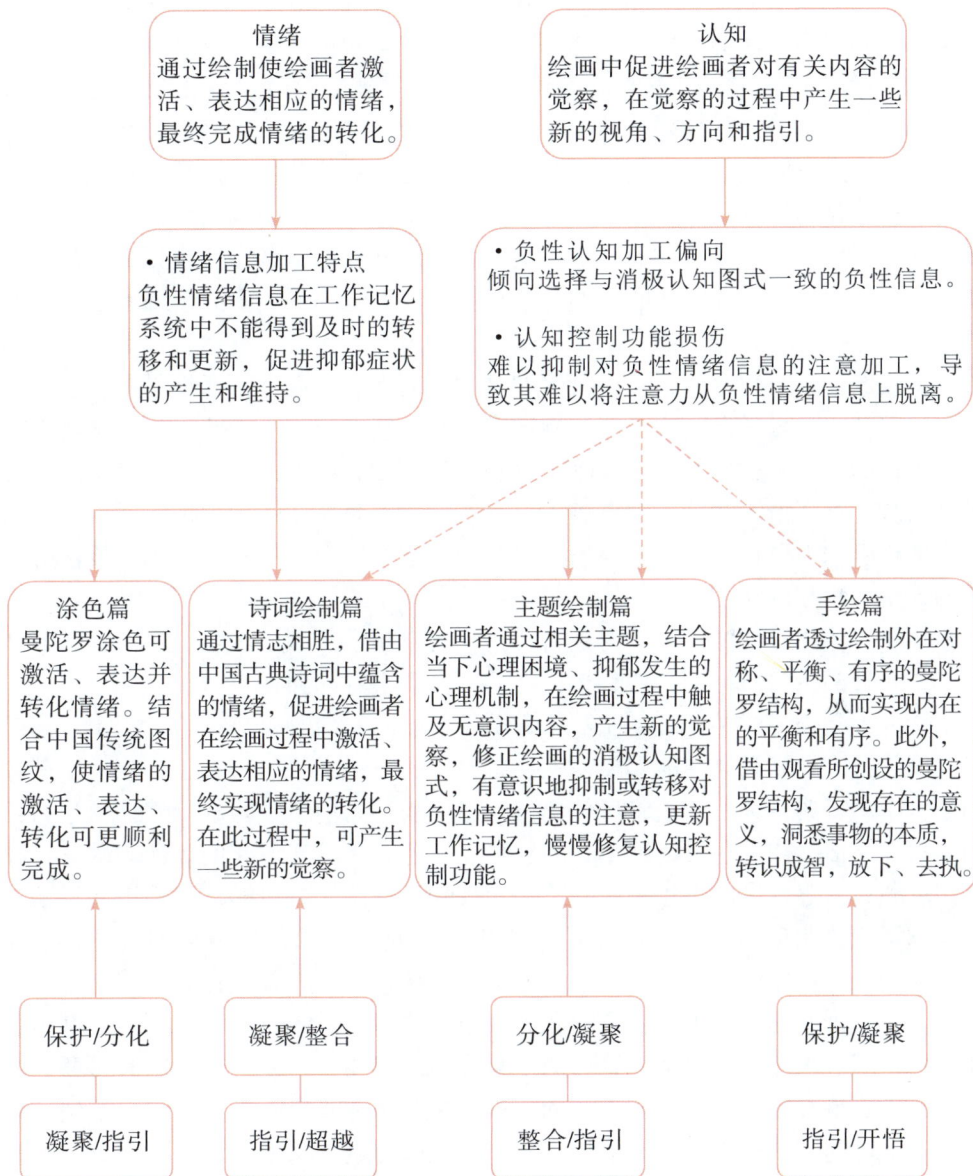

```
┌─────────────────────┐              ┌─────────────────────┐
│ 情绪                 │              │ 认知                 │
│ 通过绘制使绘画者激    │              │ 绘画中促进绘画者对有关│
│ 活、表达相应的情绪，  │              │ 内容的觉察，在觉察的  │
│ 最终完成情绪的转化。  │              │ 过程中产生一些新的视  │
│                     │              │ 角、方向和指引。      │
└─────────────────────┘              └─────────────────────┘
```

- 情绪信息加工特点
负性情绪信息在工作记忆系统中不能得到及时的转移和更新，促进抑郁症状的产生和维持。

- 负性认知加工偏向
倾向选择与消极认知图式一致的负性信息。

- 认知控制功能损伤
难以抑制对负性情绪信息的注意加工，导致其难以将注意力从负性情绪信息上脱离。

涂色篇
曼陀罗涂色可激活、表达并转化情绪。结合中国传统图纹，使情绪的激活、表达、转化可更顺利完成。

诗词绘制篇
通过情志相胜，借由中国古典诗词中蕴含的情绪，促进绘画者在绘画过程中激活、表达相应的情绪，最终实现情绪的转化。在此过程中，可产生一些新的觉察。

主题绘制篇
绘画者通过相关主题，结合当下心理困境、抑郁发生的心理机制，在绘画过程中触及无意识内容，产生新的觉察，修正绘画的消极认知图式，有意识地抑制或转移对负性情绪信息的注意，更新工作记忆，慢慢修复认知控制功能。

手绘篇
绘画者透过绘制外在对称、平衡、有序的曼陀罗结构，从而实现内在的平衡和有序。此外，借由观看所创设的曼陀罗结构，发现存在的意义，洞悉事物的本质，转识成智，放下、去执。

保护/分化	凝聚/整合	分化/凝聚	保护/凝聚
凝聚/指引	指引/超越	整合/指引	指引/开悟

图5－1 大学生抑郁曼陀罗绘画自助干预绘本设计思路图

　　涂色篇为结构式曼陀罗，主要发挥曼陀罗的保护、分化、凝聚和指引功能。该篇会设计结合中国传统图纹的结构式曼陀罗绘画模板，供绘画者选择自己喜欢的模板进行涂色和绘制。从前人研究可知，使用颜色或线条进行涂抹，可缓解新手绘画者的心理压力、焦虑和担忧，降低其心理阻抗。曼陀罗绘画中的大圆，会让绘画者联想到母性的积极面，从中体验到被包容和被接纳。此外，在模板设计时，充分考虑了对称、趋中的结构特点，曼陀罗模板的规律性、可预期和可控制，可帮助绘画者内化曼陀罗结构的稳定性、激活自性的保护动力，增强内在安全感。丰富多彩的颜色能够进一步刺激和促进感知觉的分化，描绘各种图形也是心理不断分化的过程。此外，在结构式曼陀罗图形本身，一般也会要求绘画者由确定的中心由内向外或循环而有节制地分化。绘画方式本身也会模拟自性的分化动力，从而用于激发和强化心灵的分化功能。在安全的环境中，绘画者通过颜色和线条的涂抹，可以表达积压的情绪，情结的力量能够得以表达和宣泄，当情结的力量被弱化甚至化解时，自性凝聚的动力便能将心理能量畅通地导向自我。且大圆的限制本身可帮助绘画者有节制地表达其情绪，防止心理能量的涣散。与以审美为目的的绘画创作不同，曼陀罗绘画的目的是表达自我和认识自己，透过曼陀罗绘画，真实情绪和情感得以表达，真实自我逐渐显露，在此情形下，绘画者的自性指引动力也得到了表达与发挥。在彩绘的过程中，暗示着绘画者要区分外在的人格面具和内在的真实自己，并要求绘画者不断回到心灵的中心来，不断加强个体对主体中心性的觉察，得到自性指引的自我会帮助个体意识到内在的真实性，在自性的指引下推动个体趋近内在的真实和自身的独特性。

　　诗词绘制篇为非结构式曼陀罗，主要发挥曼陀罗的凝聚、整合、指引和超越的功能。诗词绘制篇选取能够反映悲伤、愤怒、喜悦、平静、亢奋、豁达、开悟的七类中国古典诗词，让绘画者体悟诗句中所表达的情绪，然后带着体悟进行绘画。意欲激活、体验相关的情绪，通过情志相胜，来实现情绪的表达与转化，比如怒胜思、喜胜忧等。但绘制时并不指定诗句，绘画者可根据自己当下的心境来自由选择想绘制的诗句，在绘制的过程中形成具体意象，将情绪同具体情节相连，情绪表达转化的同时也能实现新的觉察和认知。绘画者选择具体诗句后，情绪会与之产生共鸣，那可能就是绘画者当下所体验的情绪，或者也可能是其最常体验的情绪。透过聚焦此情绪，可激活自性的凝聚动力，使其在绘制时可联想到具体的人、事、物，进而将相关联的各种意象吸引并凝聚起来，深化对情绪的认识与理解。同时，借由体悟诗词进行绘画，可以透过意象来表达绘画者的内心世界，呈现其内心的无意识内容，激活自性的整合动力，协调意识与无意识间的冲突。通过对特定情绪及其所关联情境的沉思，会产生新的有关人生的觉知与感悟，激活自性的指引动力和超越动力，触及人生的真相。

主题绘制篇是非结构式曼陀罗，主要发挥曼陀罗的分化、凝聚、整合和指引功能。所遴选的主题与抑郁及大学生所遭遇的特定议题相关，主要涉及丧失、无助、敌意、矛盾、家庭、挑战、胜任、梦境等相关内容。设计的意图是借由当下所关注的主题，将联想的意象及故事表达出来，觉察抑郁情绪背后的缘由，觉知自身的消极认知图式，抑制或转移对负性情绪信息的注意，慢慢修复认知控制功能并转化情绪。绘画者针对特定关注的主题，凝视内心，把与之有关的意象凝聚起来构架成与此关联的叙事，借着精神的投入对主题进行深化。但这些特定的议题可能会给绘画者带来一定的扰动，激活无意识的内容，绘制的过程中会呈现紊乱与无序，但曼陀罗的中心往往具有协调各种不平衡与矛盾的功能，从而发挥自性整合的动力。同时，绘画者在自由表达内心真实世界的过程中，可清晰体验到自性的指引，体验到灵启经验，从而推动个体去探索和发现存在的意义。

手绘篇属于结构式曼陀罗，主要发挥曼陀罗的保护、凝聚、指引和开悟功能。手绘曼陀罗的设置意在对情绪进行收敛，透过手绘外在对称、平衡、有序的曼陀罗图案，促发个体内在心理的平衡与有序。同时借由绘画者自己对曼陀罗图案的创设，充分感受创造感、掌控感、满足感与成就感。手绘篇呼应涂色篇，只不过涂色篇是在给定的结构式曼陀罗模板上涂色，而手绘篇是绘画者自主创作曼陀罗。所创作的曼陀罗的圆形、对称、趋中、平衡的结构特点，会增强个体稳定可控的心理体验，提升个体的安全感。在绘制的过程中，将关注及注意力凝聚于当下，以开放、接纳的态度感知当下，提升个体的正念水平。伴随大小不一同心圆曼陀罗结构的呈现，绘画者借由静静观看和觉察所绘制的完形结构，会获得新的感知和认识，进而对未来的方向、生活的目标、存在的意义等产生领悟。进一步地，"转识成智"也可能相伴发生，自我更能够洞悉事物的本质，"放下"与"去执"会浮现，束缚会得以解除，内在世界会变得沉静而清晰，接近自性化最终的结果——开悟。

第二节 大学生抑郁曼陀罗绘画自助干预绘本设计过程及内容

上文已经提及绘本所包含的四个篇章：涂色篇、诗词绘制篇、主题绘制篇和手绘篇。本节将分别介绍每个篇章的设计过程及内容。

一、涂色篇的设计过程及内容

涂色篇在设计时，主要考量了以下几个要素：①图形结构：对称性、重复性的结构特征。②中国传统图纹：曼陀罗图形设计时充分借鉴中国经典纹样。③图形复杂程度：曼陀罗图形的复杂程度适中，便于绘画者自由、轻松涂色。

涂色篇具体的设计过程如下：查阅曼陀罗绘画绘本、中国经典纹样图鉴—遴选经典纹样—设计并绘制曼陀罗模板—研究者审核模板并进行细节修改—初步确定涂色篇曼陀罗模板—遴选研究被试对复杂程度进行评定—依评定结果确定简单组模板和复杂组模板。

在遴选中国经典纹样时，本研究团队主要借鉴黄清穗（2021）编著的《中国经典纹样图鉴》中的传统图纹来设计涂色曼陀罗的模板。具体纹样包括莲花纹、菊花纹、梅花纹、宝相花纹、龙纹、螭纹、云纹、如意纹、回纹、盘长纹、寿字纹、太阳纹等。下面对各个纹样的形状及象征意义予以简单介绍。

莲花纹："予独爱莲之出淤泥而不染，濯清涟而不妖"，"莲，花之君子者也"，在中国传统文化中，莲花象征清丽、高洁。在佛教文化中，莲花的品格和特性与佛教教义相吻合，因而莲花被视为"圣花"，代表"净土"。荣格把莲花作为曼陀罗象征的主要表现形式之一，因为胎藏界曼陀罗的原型正是一朵盛开的莲花，因此它象征了曼陀罗—自性原型的保护和整合功能。莲花纹的呈现方式有正面、侧面两种。曼陀罗中正面的莲花纹多以圆盘状的莲蓬作为纹样的中心，以花瓣相依展开的形式呈现；而侧面的莲花纹多以莲蓬作为中心，花瓣横剖呈现。莲花纹比例匀称，造型端庄，既可作为主体呈现，又可与其他纹样一起组合呈现。本团队所设计的绘本中两种情形均有。

菊花纹："采菊东篱下，悠然见南山"，自陶渊明之后，菊花一直作为花中隐士的代表，是高风亮节的象征，尽管世事维艰但仍乐观豁达，看淡名利，只为实现自身理想。菊花纹多以细长的花瓣来表现菊花盛开的姿态，花瓣相互簇拥着向外展开，组成饱满、圆润的花朵。菊花纹有作为独立主体呈现的，也有与其他纹样组合搭配出现的。本书绘本中菊花纹主要是以独立主体呈现。

梅花纹：梅花象征着不屈不挠、坚韧不拔、自强不息、奋勇当先的精神品质，也被视为高洁的化身。它鼓舞了一代又一代的中国人奋勇开创，不畏艰险，是中华民族的精神象征。它能傲立雪中、不惧霜刀，代表不畏严寒和不惧艰险的精神。梅花纹多以简洁的形式呈现梅花正面的姿态，由五片花瓣环绕花蕊组成，它有作为独立纹样的，也有与喜鹊、梅枝、竹子、兰花、柏树等进行组合的。本书绘本中主要是以独立主体呈现。

宝相花纹：宝相花并不是大自然中的某种植物，它没有特定自然形态作为造型基础，而是从自然界花卉（主要是莲花）中提取花瓣、花苞、叶子的造型，经艺术处理而形成的花纹。它也是佛教常用的一种纹饰，指佛的庄严形象。作为吉祥三宝之一，寓意完美圣洁。

龙纹：龙的形象起源很早，古人认为它是最高的祥瑞，在中国古纹样装饰中占有十分重要的地位。龙纹是一种象征，是一种寄托。古代服饰上龙纹是皇帝的象征，它有着震慑人心和巩固权力的重要作用。龙纹在民间服饰上，是人们的精神寄托，寓意非凡的力量，是吉祥如意和驱邪避灾的象征。龙纹有漫长的演变过程和多样的形式，比如走龙纹、卷龙纹、飞龙纹、鱼龙纹、游龙纹、云龙纹和团龙纹等。龙纹常作为主体装饰纹样。

螭纹：螭是中国古代神话中一种没有角的龙，是虚构动物，相传是龙与虎的后代，头部形似虎首，所以也叫螭龙、螭虎。由于多以盘伏状出现，也称蟠螭。寓意美好、吉祥、招财。螭纹造型优美，翻腾飞跃，生动活泼，线条富有张力，极有气势。螭纹一般都是作为主纹出现。

云纹：云纹象征着步步高升和吉祥如意，表达了吉祥、喜庆、幸福，以及对美好生活的向往。它在几千年的演变中形成了千姿百态的艺术形式。春秋战国时期的卷云纹是由卷曲的线条组成简易的旋绕涡形；宋元时期的云纹多接近如意云纹的造型，呈弯曲回头状，最常见的是三瓣卷云纹；明清时期的团云纹通常由多个云朵构成，呈团状。云纹多数时候是作为辅助纹样出现的，也可作为主体出现。本书绘本中两种情形均有。

如意纹：如意纹取自如意的造型，呈对称的心形结构，形状如灵芝、云朵或花朵，有作为主体出现的，也有作为辅助纹样出现的，本书绘本中主要以辅助纹样出现。如意本是古代的一种器物，是古时的爪杖，用以搔抓，其自用方便、无须求人、可如人意。如意纹有着吉祥、称心、如意的美好寓意，表达了人们对于美好生活的无限向往，期盼未来事事顺心、如意。

回纹：造型如同"回"字，是由直线横竖连接折绕形成的回字形，根据回纹构成的回环往复的特性，被中国民间称为富贵不断头的一种纹样，人们赋予了回纹连绵不绝、吉祥永存的寓意。唐以后回纹多作为辅助纹样出现在家具、服饰和陶瓷上。本书绘本也多是以辅助纹样出现。

盘长纹：也称吉祥结，是八宝纹中的第八个纹样，线条曲折回转、首尾相连、无限循环，寓意源远流长、生生不息。常见的中国结纹样是盘长纹中最经典、应用最广泛的一种。本书绘本中的盘长纹与莲花纹一起组合出现。

寿字纹：是以寿字的视觉形象进行艺术化、符号化、图案化后的纹样，是文字纹的一种，具有福寿连绵的美好寓意，折射出人们对生命永恒的渴望。具有多种形式，如方寿纹、团寿纹、长寿纹等，无论如何变形，共同的特点都是均匀对称。它既可作为主体出现，也可作为辅助纹样出现。在与其他纹样组合出现时，可营造出热闹欢庆的气氛。本书绘本以主体纹样出现。

太阳纹：太阳纹是描绘太阳形象的纹样。太阳作为人类原始的图腾之一，寓意对生命的深邃思考，也是生命不息的代表。一般情况下，太阳纹由表示太阳的本体和太阳光芒两个部分的图形组成。本体部分大多以圆形或类圆形表示，而描绘光芒和光晕的直线或三角形一般环绕本体，呈向外发散状。太阳纹最经常出现在铜鼓的中心部位，也是人类生命之源或个体自性的代表。本书绘本中太阳纹与其他纹样组合出现。

本研究团队结合绘本中曼陀罗的图形及结构，选取中国经典纹样，绘制结构式曼陀罗涂色模板后，对纹样组合、纹样线条、大小、涂制空间等进行反复商讨、调整、完善，最后初步完成24幅涂色曼陀罗模板。

为了对模板的难易程度有所了解，同时监控后续干预实验中涂色任务的接近性，本团队邀请44名学生对24幅模板进行0～10分的简单—复杂程度评分，0分表示"模板非常简单"，10分表示"模板非常复杂"，得分越高代表模板越复杂。24幅的整体均分为6.00±1.15，这与之前设计时的考虑一致，模板复杂程度适宜，便于绘画者进行放松、自由的涂色。同时，根据评分结果，将24幅模板分为两个组，一个组为简单模板（均分为4.79±1.20），另一个组为复杂模板（均分为7.21±1.09），每组各12幅。后续干预实验，要求绘画者在简单模板和复杂模板中各选一幅绘制，以便控制实验操作任务的等值性。

二、诗词绘制篇的设计过程及内容

诗词是一种艺术表达形式，以其具体生动的形象来反映世界。而抒情是诗的本质特征，如古人云："夫诗者，本发其喜怒哀乐之情；如使人读之无所感动，非诗也。"诗词的抒情本质为心理治疗提供了情感启动和转化的条件。在现实生活中，情感是心理活动的重要组成部分，是客观事物是否符合人的需要而产生的态度体验。诗词中蕴含诸多关于情感色彩的描写，可透过简短的诗句呈现丰富的情境与意象，让读者在对诗词的审美鉴赏中进行情感的表达与转化。大学阶段是情绪变动激烈、情感体悟深刻的时期。处于这一阶段的大学生，一方面向往真理、积极向上，情感丰富、情绪饱满；另一方面，由于心理尚未完全成熟，容易在客观现实与想象不符时遭受挫折和打击，产生消极颓废甚至萎靡不振的情绪，强烈的自尊转化为自卑、自弃，最终可能发展为抑郁。诗词的情感往往诉诸概括性的意象，即寄意于象，以象寄意。意境是意象群的组合，这些象征性的意象，可唤起读者相似的情感体验，调动其相关的记忆、联想、想象等，在内化诗词内容的同时，将内在心理进行外化，实现情感激发、情感诱导、情感共鸣、情感宣泄、情感转化、情感升华的治疗目标。

本研究团队在设计诗词绘制篇时，主要考量了以下几个因素：①经典诗词的熟悉度：尽量选择大学生熟悉的中国古典诗词。②诗词与情感的对应：确保所遴选的诗词能够反映相关的情绪情感。

诗词绘制篇的设计过程大体如下：明确 7 种情绪类型—研究者针对每种情绪，分别在中国古典诗词中寻找相关诗句—研究者对所遴选的诗词进行讨论，每类情绪确定 6~8 句适合的经典诗词—邀请 60 位大学生对遴选诗词的情绪进行评定—按照分数确定可放入绘本的诗句。

在情绪类型上，本篇章在考量常见情绪类型、抑郁的常见情绪体验、改善抑郁的助益条件等情况下，共选取了 7 种情绪，分别为悲伤、愤怒、喜悦、平静、亢奋、豁达、开悟。下面分别介绍各种情绪选择的依据。

悲伤：抑郁典型的情绪是悲伤，选取悲伤相关的古典诗词容易引起绘画者的共鸣，以情抒怀，缓解郁结于心的情绪。

愤怒：情志相胜疗法中，"怒胜思"是重要的一种以情驭情的方式。抑郁的个体长期处于忧思焦虑的情绪中，中枢神经系统持续的抑制不畅，致使功能失调，引发身心疾病。发怒时血管收缩，血液循环加快，神经系统高度紧张，快速地做出反应，得以缓解抑郁型身心疾病。且抑郁主要为"肝郁气滞"，中医五行理论指出，肝在志为怒，怒的情绪变化可影响肝脏的活动。肝主疏泄，怒则气上，适当发怒可以发泄情绪，有助于舒畅全身气机。

喜悦：中医的情志疗法中喜可胜悲。抑郁症在起病之初，多因情志内伤而致气机不畅、肝失疏泄。如《灵枢·本神》所说："愁忧者，气闭塞而不行"，此时气机异常以"郁滞"为主，症见多思多虑等。如适当以"喜"激活患者情绪体验，"喜则气缓"，"喜"能缓和气机运行的强度与速度，可避免气机郁结的进一步加重。如《素问·举痛论》云："喜则气和志达，荣卫通利……则以闭塞者而和缓之"，以免出现忧思引发气郁、气郁又致忧思的恶性循环，便可缓和悲伤、紧张的情绪。

平静：诸多研究发现，平静是曼陀罗绘制后最常出现的情绪。它属于中性情绪，平静的体验意味着内在矛盾冲突的平息，内在的无序和失衡逐渐趋于有序与平衡。

亢奋：亢奋之情绪激昂、高涨，有很强的抱负和野心。抑郁个体多是处于气郁忧思和能量被阻滞的状态，亢奋的情感体验可激活被压抑的内在能量，激活和疏通被阻滞的能量和受阻的原型动力，消除症状并开发潜能。

豁达：表达积极的情绪，能够触发对人性的思考，减少自我中心和过分执着于小我而带来的各种烦恼。认识到人的生老病死、月的阴晴圆缺、植物的春播夏长秋收冬落等都具有循环、周期、节律和重复等特点，从而跳出对一时一事的纠结与执着。

开悟：开悟主要以禅意为主。在中国文化中，道家用"得道"、儒家用"天人合一"、佛教用"明心见性"来描述这种状态。对一般人而言，开悟意味着

"放下"和"不执着",可帮助个体去除佛教所说的"贪嗔痴"三毒,从而对一切关注的事物都具有清醒而敏锐的觉知,洞悉事物的本质,洞悉自性。

　　研究伊始,本研究团队针对每种情绪选择了6~8首诗词,初选诗词见表5-1。

表5-1　诗词绘制篇初选诗词

情绪	具体诗词
悲伤	1. 十年生死两茫茫,不思量,自难忘。千里孤坟,无处话凄凉。——苏轼《江城子·乙卯正月二十日夜记梦》
	2. 十五从军征,八十始得归。道逢乡里人:家中有阿谁? 遥看是君家,松柏冢累累。——佚名《十五从军征》
	3. 剪不断,理还乱,是离愁。别是一般滋味在心头。——李煜《相见欢》
	4. 夜深忽梦少年事,梦啼妆泪红阑干。——白居易《琵琶行》
	5. 人生若只如初见,何事秋风悲画扇? 等闲变却故人心,却道故人心易变。——纳兰性德《木兰花·拟古决绝词柬友》
	6. 多情自古伤离别,更那堪,冷落清秋节! ——柳永《雨霖铃》
	7. 花自飘零水自流。一种相思,两处闲愁。此情无计可消除,才下眉头,却上心头。——李清照《一剪梅》
	8. 而今识尽愁滋味,欲说还休。欲说还休,却道"天凉好个秋"! ——辛弃疾《丑奴儿·书博山道中壁》
愤怒	1. 地也,你不分好歹何为地? 天也,你错勘贤愚枉做天! ——关汉卿《窦娥冤》
	2. 老天若不随人意,不会作天莫作天! ——朱淑真《断肠集》
	3. 官仓老鼠大如斗,见人开仓亦不走。健儿无粮百姓饥,谁遣朝朝入君口。——曹邺《官仓鼠》
	4. 朱门酒肉臭,路有冻死骨。荣枯咫尺异,惆怅难再述。——杜甫《自京赴奉先县咏怀五百字》
	5. 怒发冲冠,凭阑处、潇潇雨歇。抬望眼、仰天长啸,壮怀激烈。——岳飞《满江红》
	6. 怨灵修之浩荡兮,终不察夫民心。众女嫉余之蛾眉兮,谣诼谓余以善淫。固时俗之工巧兮,偭规矩而改错。背绳墨以追曲兮,竞周容以为度。——屈原《离骚》
	7. 把吴钩看了,栏杆拍遍,无人会,登临意。——辛弃疾《水龙吟·登建康赏心亭》
	8. 山外青山楼外楼,西湖歌舞几时休? 暖风熏得游人醉,直把杭州作汴州。——林升《题临安邸》

（续上表）

情绪	具体诗词
喜悦	1. 久旱逢甘雨，他乡遇故知。洞房花烛夜，金榜题名时。——汪洙《喜》 2. 昔日龌龊不足夸，今朝放荡思无涯。春风得意马蹄疾，一日看尽长安花。——孟郊《登科后》 3. 却看妻子愁何在，漫卷诗书喜欲狂。白日放歌须纵酒，青春作伴好还乡。——杜甫《闻官军收河南河北》 4. 人生得意须尽欢，莫使金樽空对月。烹羊宰牛且为乐，会须一饮三百杯。——李白《将进酒》 5. 天街小雨润如酥，草色遥看近却无。最是一年春好处，绝胜烟柳满皇都。——韩愈《早春呈水部张十八员外》 6. 乱花渐欲迷人眼，浅草才能没马蹄。最爱湖东行不足，绿杨阴里白沙堤。——白居易《钱塘湖春行》 7. 明月别枝惊鹊，清风半夜鸣蝉。稻花香里说丰年，听取蛙声一片。——辛弃疾《西江月·夜行黄沙道中》 8. 朝辞白帝彩云间，千里江陵一日还。两岸猿声啼不住，轻舟已过万重山。——李白《早发白帝城》
平静	1. 结庐在人境，而无车马喧。问君何能尔？心远地自偏。采菊东篱下，悠然见南山。山气日夕佳，飞鸟相与还。此中有真意，欲辨已忘言。——陶渊明《饮酒·其五》 2. 空山新雨后，天气晚来秋。明月松间照，清泉石上流。——王维《山居秋暝》 3. 漠漠水田飞白鹭，阴阴夏木啭黄鹂。山中习静观朝槿，松下清斋折露葵。——王维《积雨辋川庄作》 4. 狗吠深巷中，鸡鸣桑树颠。户庭无尘杂，虚室有余闲。久在樊笼里，复得返自然。——陶渊明《归园田居·其一》 5. 水光潋滟晴方好，山色空蒙雨亦奇。欲把西湖比西子，淡抹浓妆总相宜。——苏轼《饮湖上初晴后雨》 6. 壬戌之秋，七月既望，苏子与客泛舟游于赤壁之下。清风徐来，水波不兴。举酒属客，诵明月之诗，歌窈窕之章。——苏轼《赤壁赋》

（续上表）

情绪	具体诗词
亢奋	1. 酒酣胸胆尚开张。鬓微霜，又何妨！持节云中，何日遣冯唐？会挽雕弓如满月，西北望，射天狼。——苏轼《江城子·密州出猎》 2. 醉里挑灯看剑，梦回吹角连营。八百里分麾下炙，五十弦翻塞外声，沙场秋点兵。——辛弃疾《破阵子·为陈同甫赋壮词以寄之》 3. 安得广厦千万间，大庇天下寒士俱欢颜！风雨不动安如山。呜呼！何时眼前突兀见此屋，吾庐独破受冻死亦足！——杜甫《茅屋为秋风所破歌》 4. 行路难，行路难，多歧路，今安在？长风破浪会有时，直挂云帆济沧海。——李白《行路难》 5. 咬定青山不放松，立根原在破岩中。千磨万击还坚劲，任尔东西南北风。——郑燮《竹石》 6. 白日不到处，青春恰自来。苔花如米小，也学牡丹开。——袁枚《苔》
豁达	1. 竹杖芒鞋轻胜马，谁怕？一蓑烟雨任平生。……回首向来萧瑟处，归去，也无风雨也无晴。——苏轼《定风波·莫听穿林打叶声》 2. 人有悲欢离合，月有阴晴圆缺，此事古难全。——苏轼《水调歌头·丙辰中秋》 3. 行到水穷处，坐看云起时。偶然值林叟，谈笑无还期。——王维《终南别业》 4. 万里归来颜愈少。微笑，笑时犹带岭梅香。试问岭南应不好，却道：此心安处是吾乡。——苏轼《定风波·南海归赠王定国侍人寓娘》 5. 莫笑农家腊酒浑，丰年留客足鸡豚。山重水复疑无路，柳暗花明又一村。——陆游《游山西村》 6. 沉舟侧畔千帆过，病树前头万木春。今日听君歌一曲，暂凭杯酒长精神。——刘禹锡《酬乐天扬州初逢席上见赠》
开悟	1. 过去事已过去了，未来不必预思量。只今只道只今句，梅子熟时栀子香。——石屋《山居诗》 2. 来时无迹去无踪，去与来时事一同。何须更问浮生事，只此浮生是梦中。——鸟窠《无题》 3. 愁烦中具潇洒襟怀，满抱皆春风和气。暗昧处见光明世界，此心即白日青天。——王永彬《围炉夜话》 4. 手把青秧插满田，低头便见水中天。心地清净方为道，退步原来是向前。——布袋和尚《插秧偈》

（续上表）

情绪	具体诗词
开悟	5. 三伏闭门披一衲，兼无松竹荫房廊。安禅不必须山水，灭得心中火自凉。——杜荀鹤《夏日题悟空上人院》
	6. 练得身形似鹤形，千株松下两函经。我来问道无余说，云在青霄水在瓶。——李翱《赠药山高僧惟俨二首》

初选诗词后，邀请了60位大学生（男生22人，女生38人）分别对7种情绪进行0~10分的评分，0表示不符合，10表示非常符合，最终参考得分选择绘本使用的诗词，每种情绪选择2首诗词，共14首，均分在7.32~8.67，所选诗词在男女差异上得分均不显著。具体诗词选择情况见表5-2。

表5-2 诗词绘制篇选定诗词

情绪	具体诗词	均分
悲伤	1. 十年生死两茫茫，不思量，自难忘。千里孤坟，无处话凄凉。	8.67
	2. 剪不断，理还乱，是离愁。别是一般滋味在心头。	7.50
愤怒	1. 地也，你不分好歹何为地？天也，你错勘贤愚枉做天！	8.08
	2. 老天若不随人意，不会作天莫作天！	7.72
喜悦	1. 昔日龌龊不足夸，今朝放荡思无涯。春风得意马蹄疾，一日看尽长安花。	7.98
	2. 却看妻子愁何在，漫卷诗书喜欲狂。白日放歌须纵酒，青春作伴好还乡。	7.67
平静	1. 结庐在人境，而无车马喧。问君何能尔？心远地自偏。采菊东篱下，悠然见南山。山气日夕佳，飞鸟相与还。此中有真意，欲辨已忘言。	7.63
	2. 漠漠水田飞白鹭，阴阴夏木啭黄鹂。山中习静观朝槿，松下清斋折露葵。	7.32
亢奋	1. 酒酣胸胆尚开张。鬓微霜，又何妨！持节云中，何日遣冯唐？会挽雕弓如满月，西北望，射天狼。	8.43
	2. 醉里挑灯看剑，梦回吹角连营。八百里分麾下炙，五十弦翻塞外声，沙场秋点兵。	8.10

（续上表）

情绪	具体诗词	均分
豁达	1. 竹杖芒鞋轻胜马，谁怕？一蓑烟雨任平生。……回首向来萧瑟处，归去，也无风雨也无晴。	8.20
	2. 行到水穷处，坐看云起时。偶然值林叟，谈笑无还期。	7.77
开悟	1. 过去事已过去了，未来不必预思量。只今只道只今句，梅子熟时栀子香。	7.58
	2. 手把青秧插满田，低头便见水中天。心地清净方为道，退步原来是向前。	7.35

三、主题绘制篇的设计过程及内容

主题绘制篇在设计时，主要考量了以下几方面的因素：①与抑郁相关：所涵盖的主题与抑郁产生及疗愈直接相关。②与大学生生活主题及发展任务相关：所涉及的主题与大学生发展阶段所面临的一些发展任务以及现实生活紧密相关。③强调保护、支持与掌控等相关的体验：特意设定一些有关温暖、保护、支持、应对挑战及获得掌控等相关主题，增强绘画者对积极面向的感知和关注。

主题绘制篇的设计过程大概经历了以下几个步骤：借鉴已有绘本中的主题，参考抑郁相关的文献等来组织主题—研究者将主题进行初步分类—按照分类再次组织相关的主题—确定主题，并对主题的描述进行修改与完善。

最终，围绕保护、身体感受、丧失、无助与无力、敌意与攻击、梦、家庭、矛盾、挑战与掌控几个类别，形成16个供绘画者选择的主题，见表5-3。

表5-3　主题绘制篇选定的主题

类别	主题内容
保护	1. 请为自己设计一个"护身符"，并绘制在曼陀罗中让它能够保护你。 2. 请在曼陀罗中绘制出在你家庭中流动着暖意的画面。
身体感受	此刻你身体的哪个部位的感受最强烈，请把这种感受在曼陀罗中绘制出来。
丧失	成长过程中会经历一些失去，请将有关丧失的体验绘制在曼陀罗中。
无助与无力	1. 在曼陀罗中，将曾体验过的无助与无力绘制出来。 2. 在曼陀罗中绘制出内心曾执着于去实现的一个目标。

（续上表）

类别	主题内容
敌意与攻击	请在曼陀罗中绘制出你的敌意与攻击。
梦	请在曼陀罗中绘制出你最近记忆深刻的一个梦。
家庭	1. 请根据你心中有关家人及家人之间关系的图像，将他们/她们在曼陀罗中绘制出来。 2. 你的负性情绪最多会指向家庭中的哪个人？在曼陀罗中将此情景绘制出来。
矛盾	1. 在曼陀罗中，请用色彩或意象绘制出你性格中的矛盾面。 2. 请回忆一件最近让你感觉进退两难、内心纠结的事，并在曼陀罗中将这种情绪绘制出来。 3. 请在曼陀罗中同时绘制出外界他人对你的期待和你对自己的期待。
挑战与掌控	1. 请回忆一件你印象深刻、他人赞同你的事，并在曼陀罗中把它绘制出来。 2. 请在曼陀罗中绘制出曾让你体会到力量与掌控的情境与画面。 3. 回想那些应对挑战的时刻，请在曼陀罗中将那些画面和感受绘制出来。

　　保护这个类别中，包括 2 个主题，一个是设计一个护身符并绘制在曼陀罗中，借由护身符的绘制及意象的外化，增加个体内在的安全感。另一个与家庭有关，指导其绘制出有关家庭中流动着暖意的画面，试图将温暖同具体的意象或情节相连接，将记忆中的相关温暖画面进行强调与固化。

　　身体感受这个类别只有 1 个主题，让绘画者将感受同身体相连接，进而识别感受在身体上的反应。注意感官是远离痛苦的第一步，具体的身体感觉包括压力、热、肌肉紧张、刺痛、空洞感等。学习去体会这种内在感觉，并与这种内在感觉友好相处。在接触这些感觉和感受时能够观察和容忍身体反应，做到一定程度的身体放松，可增强我们对情绪的控制。

　　丧失这个类别也只有 1 个主题，要求绘画者将有关失去或丧失的体验绘制在曼陀罗中。丧失能够显著预测抑郁，它的意义很宽泛，可指丧失自己的生活、丧失名声、丧失梦想、丧失某项身体机能、丧失婚姻，或丧亲。其中丧亲是最典型的丧失事件，对抑郁发作具有最强的预测作用。在某些抑郁案例中，即便缺乏明显的丧失事件，但丧失主题依然存在，只不过呈现的方式更微妙而已。临床医生也曾指出，"揭露"某一未曾想到的丧失事件，对所丧失的事物进行哀悼，这对患者的治疗格外重要。

无助与无力也是抑郁个体最常出现的感受和体验，在这里通过 2 个主题来体现。一个是引导绘画者直接绘制出无助与无力，另一个是绘制曾执着于去实现的一个目标。认知疗法认为抑郁个体核心信念中最典型的一个就是——无助，在意志的表现上是丧失积极动力。塞利格曼（Martin E. P. Seligman）所提出的"习得性无助"准确地描述了抑郁个体所感受到的无论做什么事情都不会对自己的重要生活事件产生影响。对这种感受和状态的正念觉察，是带着温暖、慈悲和兴趣的，这种觉察会在它们四周留下空间，帮助打破导致持续烦恼的事件链，生出新的可能性或应对之策。

敌意与攻击这个类别主要通过 1 个主题来体现，即直接让绘画者在曼陀罗中绘制出内心的敌意与攻击。弗洛伊德在《哀伤与抑郁》中认为，抑郁者对自身有强烈的贬低心理，也似乎十分享受这个不断谴责和贬低自己的过程。但是其所体验到的自责的本质其实是指向爱的对象，只不过是将对重要他人的敌意与攻击转向了自身。将常规的向内的攻击转化为向外的攻击与敌意，也是疗愈的一个过程。帮助个体表达敌意与攻击，其实也是在帮助个体识别和体验愤怒的情绪，愤怒的表达也有利于肝郁的疏泄，缓解抑郁情绪。

梦往往能够反映当事人的内心冲突和无意识层面的欲望，这里通过 1 个主题来体现，即让其绘制近期记忆深刻的一个梦。梦中的元素往往是无意识的象征，梦的解析在精神分析治疗中是一个了解无意识内容或内在冲突的途径。因此，弗洛伊德认为梦是"通往无意识的绝佳途径"，因为梦会把无意识的希望、需求和害怕表达出来。按照精神分析的理论，梦有显梦和隐梦之分，显梦是梦中的情境和事件，隐梦则是隐蔽在显梦后面的无意识动机。绘画者绘制的多为显梦层面的内容及意象，透过显梦的绘制，可以揭示梦的隐意，帮助绘画者对其内在的希望、需求和害怕有更多的觉察、理解及掌控。

与家人的关系是影响大学生的一个重要层面，这里通过 2 个主题来体现。一个是让绘画者绘出负性情绪指向最多的家庭中的那个人，另一个是让其绘制出有关家人及家人之间关系的图像。第一个问题主要关注绘画者的"未竟之事"，它是指通常受早期经验影响，指向某位重要他人的未经处理的情绪。许多偏见、固执、强迫，以及自我挫败的行为都与未竟之事有关，这些蓄积的未竟情绪会系统性地限制个体的知觉、体验和理解的方式，也会影响其人际互动和人际关系。第二个问题有点家庭雕塑的意味，在纸张上将内在的家庭成员间的关系外化出来，进行直观性展现。原有的家庭雕塑的理念认为，人们对复杂的人际系统会以压缩的隐喻形式铭记于心，并以图像的形式进行储存，而这些图像构成了个人心中对世界的了解。将内在图像外化为外在图像，有利于将家庭中的关系模式、界限、三角关系、同盟关系清楚呈现，同时也可能会产生对原生家庭中所发生事件的新的知觉与解释，理解父母所作所为的背后原因与无奈，进而放下未曾实现的期待，不再执着于父母的改变，而是在当下生活中满足自己的内在需求。

大学生也常常表现出矛盾的心理状态，这里通过3个主题来进行体现：自身觉察到的内在的矛盾的方面；感觉到进退两难的事情；外界他人和自己对自己的期待。个体成长的过程中，伴随自我功能的稳固和加强，与自我相冲突的部分会受到压制并导致心理的失衡。这种不平衡，主要体现在自我与情结、自我与阴影、优势功能与劣势功能之间的冲突，这些不平衡会导致各种对立、矛盾与分裂，最终引发自我的焦虑。绘本中的3个主题即是将这种对立、矛盾和分裂在曼陀罗中呈现，以期激活自性的整合动力。曼陀罗绘画通过意象来表达内心世界，有助于协调意识和无意识的冲突。同时，曼陀罗象征所有对立面的统一，包含阴阳双方，强调中心的重要性，暗示绘画者可通过中心来协调各种矛盾状态，它是永恒的平衡状态。曼陀罗绘制的过程本身就是协调各种冲突和矛盾的过程。

最后的一个类别是挑战与掌控，分别由3个主题来体现：让绘画者绘出一件印象深刻、他人赞同的事情；让绘画者绘出体会到力量与掌控的情境与画面；绘出那些应对挑战的时刻。挑战、力量与掌控在抑郁个体的主观感受中较少体验，但并不说明其不具备这些时刻或资源。由于抑郁个体的认知特点，导致其可能将心理能量过多用于关注那些无助与无力的时刻，而较少关注困难解决和曾应对过艰难挑战的时刻。这个类别的主题即是让绘画者可侧重于发现自身拥有的解决问题的内在资源和优势，关注到本自具足的韧性及力量，而不是仅仅关注问题本身或者暗的一面。

针对这个篇章进行绘制时，绘画者也可以按照自己当下的情况，选择自己想要绘制的主题，进行自由绘制。仅是建议其尽量在一个不被打扰的安静环境中进行，绘制完之后可思考并完成旁边的绘后思考题。

四、手绘篇的设计过程及内容

手绘篇没有固定的模板，需要绘画者在空白的纸张上用不断重复的基本图形来创作出曼陀罗图案。绘画者可由中心点出发，由内到外，利用圆规画出多个同心圆轮廓，再利用量角器、直尺和铅笔将同心圆分成多个等角扇形（一般为偶数个数），基本轮廓确定后，绘画者可利用针管笔由内圈开始一圈圈绘制基本图案。绘制完成后可用橡皮擦除之前画好的同心圆轮廓，也可对画好的曼陀罗进行涂色。作品完成后，绘画者可花几分钟的时间欣赏自己的作品，充分沉浸和体会作品给自己带来的感受及联想，然后再回答绘后思考题。

手绘篇在设计时重点考虑以下几个因素：①绘画指导：需要更直观化的绘画指导，让绘画者掌握绘画所需工具、绘画步骤、绘画的基本图案等。②绘后指导：对所绘制的曼陀罗可否涂色、作品完成后的欣赏与观摩、绘后思考题的说明与指导。

手绘篇的设计过程如下：形成有关手绘曼陀罗形式及步骤的文字指导语—录制绘制指导视频及基本图案视频—提供有关手绘曼陀罗的网络学习资源—提供模板并设计绘后思考题。

这个篇章最重要的是对手绘篇进行文字介绍，让绘画者对绘制过程及形式有一个大概的认识与了解。然后提供录制的绘制指导视频，绘画者可直观了解、学习手绘曼陀罗的绘制。除此之外可再介绍一些网络上手绘曼陀罗的资源，帮助绘画者开拓思路。最后设计绘后思考题，提供绘制模板。

手绘篇同涂色篇首尾呼应，在涂色篇中，提供已设计好的结构式曼陀罗图案，然后绘画者在模板上自由涂色；在手绘篇中，结构式曼陀罗的图案是由绘画者自行设计的，完成后是否进行涂色由其自己决定。手绘曼陀罗的形式又很接近西藏僧侣所构建的坛城（曼陀罗沙画），坛城的从无到有，预示着佛之事业的建立。沙画完成后，修行者可以通过观想曼陀罗来实现与神灵的交通。手绘曼陀罗也是一个从无到有的过程，同时也是内在自性具象化为曼陀罗图案的过程，绘画者在对手绘作品进行观想的过程中，也是在跟个体的内在自性进行交流与沟通。

第三节　大学生抑郁曼陀罗绘画自助干预绘本设计成果

绘本的初稿共4个篇章，依次为涂色篇、诗词绘制篇、主题绘制篇、手绘篇。4个篇章都设计了简介及绘制指导，4个篇章的每幅模板上都设计了绘前指导和绘后思考。涂色篇模板共24幅，包括20幅传统图纹模板和4幅普通模板；诗词绘制篇模板共14幅，包含7种情绪，每种情绪2幅模板；主题绘制篇共有16个主题，16幅绘制模板；手绘篇在初稿中提供了4幅模板。整个绘本共有58幅模板。

在使用时，对于篇章的绘制顺序，建议先涂色，再诗词绘制，接下来是主题绘制，最后是手绘。篇章内模板的选择可以按照绘画者的喜好进行。当然，这个顺序不是必然的要求，绘画者也可根据自己的喜好，选择从某一个篇章的某一个部分开始，但最好先阅读篇章介绍及绘制指导，绘制完成后完成绘后思考，这样才能最大限度发挥绘本的功效。

为了更直观地了解绘本，下面介绍一下每个篇章的设计成果及呈现形式。

一、涂色篇的设计成果范例

前文已经有所介绍，在设计结构式曼陀罗涂色模板时，充分借鉴了中国的传统纹样，表5-4将罗列一些包含这些经典纹样的模板范例，表5-5是普通模板的范例。

表5-4　中国经典纹样涂色模板范例

纹样	涂色模板范例	纹样	涂色模板范例
龙纹		盘长纹	
菊花纹		太阳纹	
莲花纹		云纹	
宝相花纹		如意纹	

（续上表）

纹样	涂色模板范例	纹样	涂色模板范例
梅花纹		寿字纹	
螭纹			

表5-5 普通模板范例

结构	涂色模板范例	结构	涂色模板范例
六芒星		直线方形	
迷宫＋六芒星＋太阳纹		方圆结合	

图5-2是涂色篇中绘画者进行涂色的模板范例。在涂色模板中，左边呈现可涂色的结构式曼陀罗空白模板，右边放置绘前指导、绘后思考及绘制日期等信息。绘前指导是让绘画者"静静面对图案，聆听自己内心的声音，选择你觉得适宜的颜色去给图案涂色"，在涂色篇的篇首，也会告知绘画者可以不用考虑自己的绘画水平如何，可全凭自己内心，自由地进行创作。在绘后思考部分，会让绘

画者观看自己的作品并为之取名，询问产生的联想及绘后感受，并关注产生了哪些新的觉察和认识。新的觉察和认识往往反映了绘画者无意识层面的内容，是伴随绘制作品的完成之后而生成的，通常具有指引及启示新方向的作用。最后是绘制日期的记录，可方便绘画者以及研究者了解绘制作品的顺序，并分析在不同阶段，绘制作品出现的变化，以及这些变化对于绘画者本人所具有的意义。

1. 绘前指导
静静面对图案，聆听自己内心的声音，选择你觉得适宜的颜色去给图案涂色。

2. 绘后思考
（1）请给你的作品取一个名字。
（2）你的作品让你联想到什么？
（3）绘制完你有什么感受？
（4）绘制完你产生了什么新的觉察和认识？

绘制日期：　　　　年　　　　月　　　　日

图 5 - 2　涂色篇模板范例

二、诗词绘制篇的设计成果范例

图 5 - 3 是诗词绘制篇的模板范例。纸张的左边是空白大圆，右边附有绘前指导、绘后思考及绘制日期等信息。绘前指导中，附上所选定的诗句及出处，让绘画者体悟这首诗的情绪，并绘制曼陀罗。绘后思考内容与涂色篇一样，包括四个部分：取名、联想、绘后情绪和绘后的新觉察，然后记录绘制日期。

反映 7 种情绪的 14 句诗词，均是以这种形式进行呈现，每句诗词单独呈现在模板的绘前指导中，供绘画者选择想要绘制的诗句。

1. 绘前指导

请体悟这首诗的情绪，并绘制曼陀罗。

酒酣胸胆尚开张。鬓微霜，又何妨！持节云中，何日遣冯唐？会挽雕弓如满月，西北望，射天狼。——苏轼《江城子·密州出猎》

2. 绘后思考

（1）请给你的作品取一个名字。
（2）你的作品让你联想到什么？
（3）绘制完你有什么感受？
（4）绘制完你产生了什么新的觉察和认识？

绘制日期：　　　　　年　　　　月　　　　日

图 5 - 3　诗词绘制篇模板范例

三、主题绘制篇的设计成果范例

图 5 - 4 是主题绘制篇的模板范例。与诗词绘制篇相似，纸张的左边是空白大圆，右边附有绘前指导、绘后思考及绘制日期等信息。绘前指导中，附上绘制的主题，比如"请在曼陀罗中绘制出你最近记忆深刻的一个梦"。同时，在主题绘制篇的篇首介绍部分，也会强调绘画者不必从审美的角度对作品进行过多的评判，也无须在意绘画水平，真实表达内心的想法就好。绘制完成后，回答绘后思考题，主题绘制篇所设计的绘后思考题与其他几个篇章一样。最后写上绘制的日期。

9 个类别中的 16 个主题，均单独呈现在模板的绘前指导中，让绘画者结合当下的心境，选择想绘制的主题。

1. 绘前指导

请在曼陀罗中绘制出你最近记忆深刻的一个梦。

2. 绘后思考

（1）请给你的作品取一个名字。

（2）你的作品让你联想到什么？

（3）绘制完你有什么感受？

（4）绘制完你产生了什么新的觉察和认识？

绘制日期：　　　　年　　　月　　　日

图 5-4　主题绘制篇模板范例

四、手绘篇的设计成果范例

　　手绘篇与其他篇章有较大的差异，画纸中并没有空白圆形或涂色曼陀罗模板，在画纸左侧是空白的手绘区域，右侧是绘前指导、绘后思考及绘制日期等信息。虽然在手绘篇的篇首有对手绘篇形式及绘画步骤的说明，同时也附有二维码辅以绘制指导的视频资源，但在绘前指导部分，仍有简单的绘制说明，即"你可以从中心向外绘制曼陀罗图案，具体的图案可以按照自己的喜好来绘制，可任意发挥，跟随自己的内心，绘制属于你自己的曼陀罗"。绘后思考和绘制日期部分同其他模板一样。

　　手绘篇的模板是重复的，可根据绘本的情况来提供具体的幅数。

　　考虑到手绘篇在操作时，可能难度系数相对较高，会给绘画者带来紧张和压力，所以在设计时将其放在最后的篇章。另外，在完成涂色、诗词绘制和主题绘制后，即使绘画者之前没有曼陀罗的绘画经验，也已经对曼陀罗的对称、平衡、有序等结构性特点有了更多直观的感受。

1.绘前指导

你可以从中心向外绘制曼陀罗图案，具体的图案可以按照自己的喜好来绘制，可任意发挥，跟随自己的内心，绘制属于你自己的曼陀罗。

2. 绘后思考

（1）请给你的作品取一个名字。

（2）你的作品让你联想到什么？

（3）绘制完你有什么感受？

（4）绘制完你产生了什么新的觉察和认识？

绘制日期：　　　　年　　　月　　　日

图5－5　手绘篇模板范例

第六章　大学生抑郁曼陀罗绘画自助干预绘本效果检验及完善

第一节　曼陀罗绘画自助干预大学生抑郁研究概述

绘本开发完成，应用后是否真的能够缓解大学生的抑郁情绪？干预效果是否能够得到实证研究的支持？有哪些地方需要继续修改与完善？这些都需要通过干预实验予以检验和总结。本节主要介绍了开展干预实验的研究目的及意义、研究对象及工具、研究设计及流程、质量控制及研究伦理。

一、研究目的及意义

大学生抑郁曼陀罗绘画自助干预绘本虽已初步开发成形，但绘本的使用是否真能够缓解大学生的抑郁情绪，绘本的设计是否符合本年龄段人群抑郁的特点及需求，这些都需要通过实证研究予以检验、了解与完善。

曼陀罗绘画是绘画形式的一种，在心理咨询与心理治疗中，自由绘画也是常用的一种艺术治疗形式。但两种形式是否存在更优选，也是值得探讨与研究的。因此，在本研究中，研究小组设为 3 个组，一是曼陀罗绘画自助干预组，二是自由绘画自助干预组，三是对照组（不施与任何干预）。研究的初步假设是曼陀罗绘画自助干预能有效降低大学生的抑郁情绪；曼陀罗绘画相较于自由绘画，对改善大学生的抑郁情绪效果更优，且两种干预效果均与对照组存在显著差异。也就是说，干预比不干预可显著降低大学生的抑郁情绪，且曼陀罗绘画自助干预效果优于自由绘画自助干预效果。只有经过实证研究的检验，才能真正确定这种形式是否能够应用于对大学生抑郁的干预。

除了想检验曼陀罗绘画自助干预的效果之外，还希望借由实证研究，了解绘本使用者对于各个篇章的喜欢程度、受帮助程度，以及有关绘本的修改建议。这些研究结果可为绘本的完善提供借鉴。比如指导语设计得是否清晰、明了？涂色篇的模板是否适宜、美观？诗词篇的诗句是否为大众所熟悉且易产生理解与共鸣？主题篇的主题有哪些是他们关注但模板中未提及的？手绘篇的指导是否直观易掌握？篇章顺序是否合理？等等，后期再在绘画者反馈的基础之上，来完善绘本的设计。

在研究意义上，本研究也具有以下几点创新：首先，国内外对于大学生的抑郁自助干预研究较少，本研究的开展可以丰富此领域的研究。其次，曼陀罗绘画的干预形式主要以结构式、非结构式为主，已有实证研究中将两种形式相结合进行干预的研究较少。本研究中结合两种形式，且加入手绘形式，在曼陀罗绘画不同形式的干预效果上存在一定的探索意义和创新价值。最后，在对传统文化的借鉴方面，以往的抑郁自助干预研究少有体现依托中国传统文化，本研究更加注重对传统文化的传承，结合传统文化探讨大学生抑郁问题解决的有效路径，对传统文化如何与干预手段相结合提供了新的思路。

二、研究对象及工具

（一）研究对象

本研究的研究对象是抑郁自评量表（SDS）评分大于等于 53 分的大学生。

在某大学发放招募抑郁倾向被试的海报，附上抑郁自评量表填写二维码，共收回 923 份问卷，符合纳入标准的有 339 人。

被试纳入标准如下：

① 在读大学生；
② 情绪低落持续两周以上，但不符合 DSM－V 中的重性抑郁障碍诊断标准；
③ SDS 标准分≥53 分；
④同意签署知情同意书，自愿成为实验被试，参与本研究。

被试排除标准：

① 当下诊断为抑郁症并且在服用相关药物；
② 目前正在接受心理治疗、心理辅导或相关药物治疗；
③ 其他精神障碍；
④ 精神活性物质所引起的抑郁倾向；
⑤ 脑器质性疾病；
⑥ 被试不认真填写量表。

应用 G＊Power 3.1.9.7 软件估算本研究所需样本量，根据重复测量方差分析的方法，取中等效应量 0.25，显著性水平 $\alpha = 0.05$，统计检验力 $1-\beta = 0.80$，组数为 3，次数为 3，初步估计所需总样本量为 87 人，考虑到 20% 左右的失访率，确定被试样本量为 108 人，每组 36 人。

随机挑选符合纳入标准的参与者依次单独进行访谈，确认其符合实验被试要求，匹配性别、年级、年龄、SDS 前测标准分后，从中筛选出 108 名被试进入正式实验，随机分为 3 组，每组 36 人。研究过程中，1 名曼陀罗绘画组被试中途脱落；2 名曼陀罗绘画组被试在追踪测时正在接受心理治疗及相关药物治疗，不符合实验要求，故排除；最终的有效被试是 105 名。三组被试情况及同质性检验见表 6 - 1。

表 6 - 1　三组被试基线状态同质性检验（$M \pm SD$）

		曼陀罗绘画组 （$n = 33$）	自由绘画组 （$n = 36$）	对照组 （$n = 36$）	F/χ^2	p
性别（男/女）		5/28	7/29	6/30	0.23	0.890
年级	大一	11	14	13		
	大二	13	13	11	4.24	0.644
	大三	7	6	5		
	大四	2	3	7		
年龄（岁）		19.55 ± 1.23	19.64 ± 1.25	20.00 ± 1.43	1.18	0.311
SDS 前测		64.85 ± 7.44	65.28 ± 7.48	63.28 ± 7.09	0.73	0.483

（二）研究工具

（1）抑郁自评量表（SDS）：同上。

（2）曼陀罗绘画自助干预绘本。绘本共有 4 个篇章，58 幅模板，在开展干预实验时，被试根据指导进行选择。

（3）自由绘画干预绘本。没有确定的主题，被试可跟随自己的内心，自由绘制并完成跟曼陀罗绘画自助干预绘本中一样的绘后思考。

（4）曼陀罗绘画评分反馈表/自由绘画评分反馈表。使用该反馈表了解两个实验组被试对绘本使用的感受以及抑郁情绪的改善情况，采用 0 ~ 10 分的评分法，0 表示程度为"无"，1 分表示程度"非常浅"，10 分表示程度"非常深"，分数越高表示程度越深。具体反馈问题如下：

①你对曼陀罗绘画/自由绘画的喜爱程度？

②曼陀罗绘画/自由绘画让你感到放松或平静的程度？

③曼陀罗绘画/自由绘画让你感到焦虑或压力的程度？

④你对绘后思考部分的接受程度？

⑤绘后思考部分对你的收获和启发程度？

⑥通过曼陀罗绘画/自由绘画，对你缓解抑郁情绪的帮助程度？

（5）半结构式访谈提纲。将访谈提纲与评分反馈表结合起来使用。在4周干预实验结束后，对两个干预组被试进行半结构式访谈。针对曼陀罗绘画组，主要了解被试对绘本四个篇章的偏好情况、模板的选择、绘本的使用感受、绘本的修改建议；自由绘画组访谈提纲包括对自由绘画的感受、绘制过程中印象最深刻的事等。

三、研究设计及流程

（一）研究方法

本研究设计了3个组别，采用3（组别：曼陀罗绘画组、自由绘画组、对照组）×3（时间：前测、后测、追踪测）的两因素混合实验设计，组别为组间变量，时间为组内变量。两个实验组干预时间为4周。

曼陀罗绘画组的干预内容：采用结合传统文化的曼陀罗自助干预绘本进行干预，根据绘本四个篇章的内容，每周绘制2幅曼陀罗并完成绘后思考。模板选择如下：

第1周：涂色篇模板。被试自由选择2幅进行绘制，一幅简单模板，一幅复杂模板。

第2周：诗词绘制篇模板。被试自由选择2幅进行绘制。

第3周：主题绘制篇模板。被试自由选择2幅进行绘制。

第4周：手绘篇模板。被试完成2幅手绘曼陀罗作品。

自由绘画组的干预内容：采用自由绘画进行个体自助干预，无固定模板限制，统一指导语为："请在左边空白处绘制一幅浮现在你脑海中的图画，你可以随心所欲地进行绘制，不用在意绘画技巧和绘画能力"，然后完成绘后思考。

（二）实验流程

实验开展的程序，先是进行实验被试的招募，推送抑郁自评量表（SDS）进行施测，遴选符合条件的108名被试，随机分为曼陀罗绘画组、自由绘画组和对照组。两个实验组开展为期4周的干预实验，对照组不做任何干预。4周后3个组分别进行SDS的后测数据收集。两个干预组分别进行半结构式访谈和绘画评分反馈，并回收被试作品原稿。再过4周后使用SDS对3组进行追踪测，结束实验。实验结束后，向对照组推送情绪稳定技术的相关链接，帮助其了解和使用调节情绪的工具。鼓励实验组继续使用绘画的形式来调节抑郁情绪。曼陀罗绘画组的2名被试在追踪测时正在接受心理治疗或相关药物治疗，不符合实验被试要求，故在数据分析时排除。

实验具体流程见图6－1。

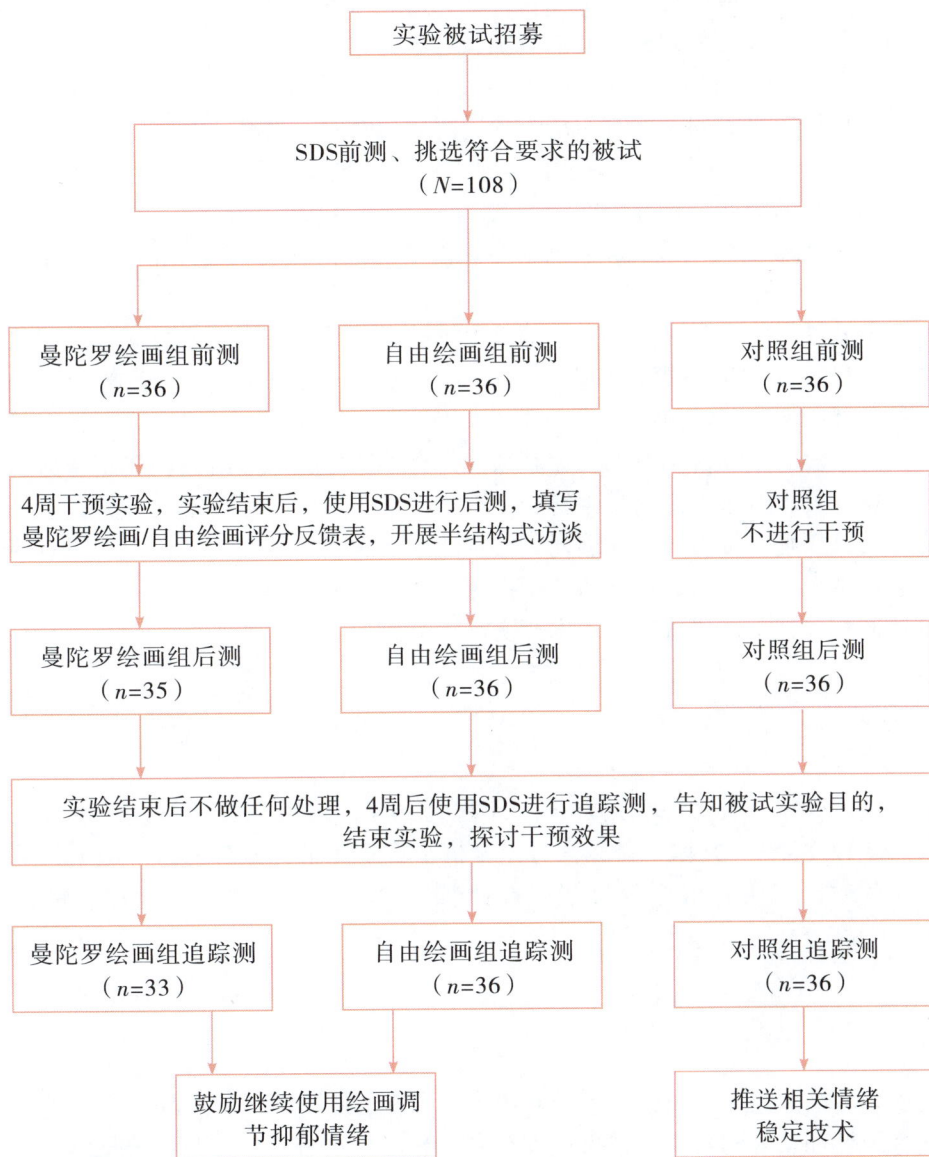

```
                    ┌─────────────────┐
                    │   实验被试招募   │
                    └─────────────────┘
                             │
         ┌───────────────────────────────────────────┐
         │      SDS前测、挑选符合要求的被试            │
         │            （N=108）                       │
         └───────────────────────────────────────────┘
                             │
    ┌────────────────┬───────────────────┬────────────────┐
┌───────────┐  ┌───────────┐      ┌───────────┐
│曼陀罗绘画组前测│  │自由绘画组前测│      │ 对照组前测 │
│  （n=36）  │  │  （n=36）  │      │  （n=36）  │
└───────────┘  └───────────┘      └───────────┘
    │                                    │
┌─────────────────────────────────┐  ┌───────────┐
│4周干预实验，实验结束后，使用SDS进行│  │  对照组   │
│后测，填写曼陀罗绘画/自由绘画评分反 │  │不进行干预 │
│馈表，开展半结构式访谈            │  │           │
└─────────────────────────────────┘  └───────────┘
    │                                    │
┌───────────┐  ┌───────────┐      ┌───────────┐
│曼陀罗绘画组后测│  │自由绘画组后测│      │ 对照组后测 │
│  （n=35）  │  │  （n=36）  │      │  （n=36）  │
└───────────┘  └───────────┘      └───────────┘
    │                                    │
┌─────────────────────────────────────────────────┐
│实验结束后不做任何处理，4周后使用SDS进行追踪测，    │
│告知被试实验目的，结束实验，探讨干预效果           │
└─────────────────────────────────────────────────┘
    │                                    │
┌───────────┐  ┌───────────┐      ┌───────────┐
│曼陀罗绘画组追踪测│ │自由绘画组追踪测│   │对照组追踪测│
│  （n=33）  │  │  （n=36）  │      │  （n=36）  │
└───────────┘  └───────────┘      └───────────┘
    │                                    │
┌───────────┐                      ┌───────────┐
│鼓励继续使用绘│                      │推送相关情绪│
│画调节抑郁情绪│                      │稳定技术   │
└───────────┘                      └───────────┘
```

图6－1　绘画自助干预实验流程图

四、质量控制及研究伦理

（一）质量控制

（1）确保被试数据的真实性：研究主试在所有被试入组前均与其进行沟通，了解其目前状态、量表是否真实作答，确保研究对象符合实验要求。其次，每轮量表填写前均向被试强调根据目前真实状态进行作答。

（2）控制测量偏倚：量表测评时间一致。所有被试在 SDS 前测完成后 3 天内入组，根据入组时间，控制 4 周干预后的后测时间及追踪测时间。

（3）控制干预偏倚：为保证干预的一致性，被试入组时的实验介绍、后测及追踪测事宜的沟通，指导语完全一致。

（4）确保数据的准确无误：所有量表的录入数据均多次检查，确认无误。

（二）研究伦理

研究开展之前，本团队向南宁师范大学教育科学学院伦理委员会提交了伦理审核申请表和知情同意书，获得委员会批准（审批号：NNNU20221025），获准实验的开展。实验开始前，在研究被试入组访谈时，聆听研究者介绍研究有关事项，同时签署研究知情同意书，让其知晓如有不适可随时退出实验并获得适当干预；向符合要求但未入组的学生解释原因，并推送情绪稳定技术的相关材料。实验完成后，鼓励干预组被试继续通过绘画的形式来缓解负性情绪；同时向对照组被试解释本次实验的目的并推送情绪稳定技术的相关材料，协助其了解并使用调节情绪的相关技术，尽可能关照未接受干预对象的心理福祉。

第二节　曼陀罗绘画自助干预大学生抑郁效果

干预实验完成后，将研究数据录入 SPSS26.0，对数据进行描述性统计、卡方检验、独立样本 t 检验、单因素方差分析和重复测量方差分析。下面分别呈现实验干预效果、实验组评分反馈差异比较、实验组绘后感受差异比较的研究结果。

一、实验干预效果

曼陀罗绘画组、自由绘画组与对照组的干预前测、后测和追踪测 SDS 均值的描述性统计和重复测量方差结果见表 6-2，SDS 标准分均值变化趋势见图 6-2。

表6-2 实验干预对各组被试抑郁情绪水平改变的效果比较

	人数	前测（$M \pm SD$）	后测（$M \pm SD$）	追踪测（$M \pm SD$）		F	p	ηp^2
曼陀罗绘画组	33	64.85 ± 7.44	55.49 ± 9.72	52.31 ± 10.60	干预方式	2.62	0.078	0.049
自由绘画组	36	65.28 ± 7.48	58.13 ± 9.58	55.10 ± 11.09	时间	54.98	0.000	0.350
对照组	36	63.28 ± 7.09	62.62 ± 7.87	58.65 ± 8.13	干预方式 × 时间	5.35	0.000	0.095

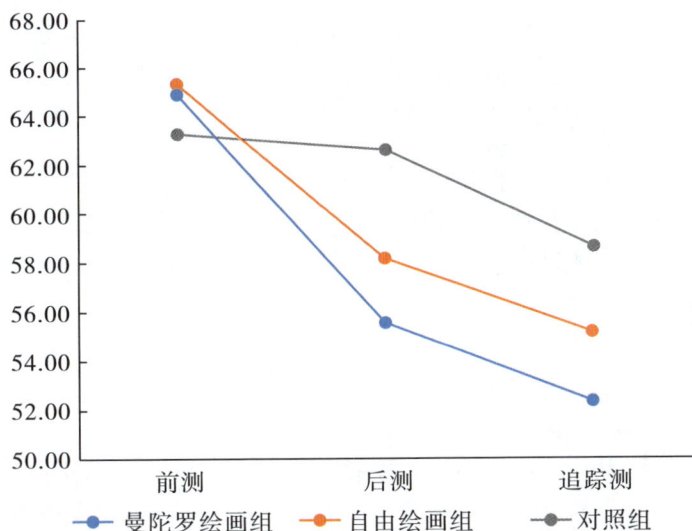

图6-2 三组被试前测、后测、追踪测 SDS 标准分均值变化趋势

以干预方式和时间作为自变量，以抑郁水平作为因变量进行重复测量方差分析，结果发现，干预方式主效应不显著（$F_{(2, 102)} = 2.62$，$p = 0.078$，$\eta p^2 = 0.049$）；时间主效应显著（$F_{(2, 102)} = 54.98$，$p = 0.000$，$p = 0.350$）；二者间的交互效应显著（$F_{(4, 102)} = 5.35$，$p = 0.000$，$\eta p^2 = 0.095$）。通过简单效应分析发现，在前测中，三组之间的抑郁水平没有显著差异；而在后测中，两实验组的抑郁水平均显著低于对照组（$p = 0.002$，$p = -0.038$），两实验组无显著差异；在追踪测中，曼陀罗绘画组的抑郁水平显著低于对照组（$p = 0.010$），两实验组无显著差异，自由绘画组与对照组无显著差异。

将每组的 SDS 前后测、后测与追踪测之差分别作为因变量，以组别作为自变量，分别进行单因素方差分析，结果见表 6 - 3。研究发现，在前后测之差上，组别主效应显著（$F_{(2.102)} = 8.869$，$p = 0.000$），事后比较表明，两实验组的前后测之差（$M_曼 = 9.36 \pm 11.27$；$M_自 = 7.15 \pm 8.00$）显著高于对照组（$M_对 = 0.54 \pm 7.43$）（$p_曼 = 0.000$；$p_自 = 0.000$），两实验组无显著差异。在后测与追踪测上，组别主效应不显著（$F_{(2.102)} = 0.15$，$p = 0.858$）。说明停止干预后，实验组抑郁倾向未回落到前测水平，干预效果得到保持。

表 6 - 3   三组 SDS 标准分改变量的差异检验

	曼陀罗绘画组 （$M \pm SD$）	自由绘画组 （$M \pm SD$）	对照组 （$M \pm SD$）	df	F	p
后测—前测	-9.36 ± 11.27	-7.15 ± 8.00	-0.54 ± 7.43	2	9.12	0.000
追踪测—后测	-3.18 ± 8.86	-3.02 ± 6.56	-4.01 ± 8.84	2	0.15	0.858
追踪测—前测	-12.54 ± 11.44	-10.17 ± 10.39	-4.56 ± 7.21	2	6.12	0.003

注："－"表示"降低"，无数学意义；下同。

从干预实验研究中发现，两种干预形式（曼陀罗绘画和自由绘画）均能缓解大学生的抑郁情绪。虽然二者在干预效果上不具有显著差异，但在改变量上，曼陀罗绘画组要优于自由绘画组。

二、实验组评分反馈差异比较

为了了解实验组被试对于绘画干预的评价，在 4 周干预完成后对两组被试进行了绘画评分反馈的测量。评分为 0 ~ 10 的 11 级评分，0 代表程度为"无"，1 分表示程度"非常浅"，10 分表示程度"非常深"，分数越高表示程度越深。具体评分情况见表 6 - 4。

表 6 - 4   实验组评分反馈差异检验

	曼陀罗绘画组 （$M \pm SD$）	自由绘画组 （$M \pm SD$）	t	p
喜爱程度	6.97 ± 1.99	6.14 ± 2.11	1.71	0.092
放松或平静程度	6.77 ± 1.86	6.53 ± 2.05	0.52	0.602
焦虑或压力程度	3.97 ± 2.07	2.86 ± 2.28	2.15	0.035

（续上表）

	曼陀罗绘画组 （$M \pm SD$）	自由绘画组 （$M \pm SD$）	t	p
绘后思考接受程度	7.09 ± 1.82	6.19 ± 2.05	1.93	0.057
收获和启发程度	6.91 ± 1.77	5.33 ± 2.04	3.48	0.001
帮助程度	6.80 ± 1.98	5.81 ± 2.33	1.94	0.057

如表 6-4 所示，两个实验组在针对绘画的喜爱程度、放松或平静程度上评分差异不显著。也就是说被试对这两种形式的喜爱程度接近，都比较接受；同时也都能够体验到放松和平静。在绘后思考接受程度和对抑郁情绪的帮助程度上，曼陀罗绘画组的评分较高，两者差异边缘显著。在这两项上，曼陀罗绘画组的评分均分都在 7 分左右，说明绘后思考接受程度和感受到的对抑郁情绪的帮助程度均较高。关于绘画让自己感到焦虑或压力程度以及绘画收获和启发程度上，曼陀罗绘画组显著高于自由绘画组。在收获和启发程度上，曼陀罗绘画组的评分均值也接近 7 分，相较于自由绘画组，会有更多的收获与启发。虽然曼陀罗绘画组的焦虑或压力程度高于自由绘画组，但评分均值接近 4 分，评分整体还是较低的，是可接受的水平。

三、实验组绘后感受差异比较

将两实验组被试的绘后感受进行整理后发现，曼陀罗绘画组共出现了 302 个情绪词，自由绘画组共出现了 255 个情绪词，曼陀罗绘画组出现情绪词的数量高于自由绘画组。为了更好地了解被试的绘后感受，将其分为积极感受、中性感受和消极感受三类。其中，曼陀罗绘画组的积极感受 121 个（40.07%）、中性感受 71 个（23.51%）、消极感受 110 个（36.42%）；自由绘画组的积极感受 83 个（32.55%）、中性感受 66 个（25.88%）、消极感受 106 个（41.57%）。对两组的绘后感受进行差异分析，结果见表 6-5。曼陀罗绘画组绘后积极感受显著高于自由绘画组，中性感受与消极感受不存在显著差异。从绘后感受来看，曼陀罗绘画的干预形式更有利于绘画者出现积极情绪感受，是更适合用于调节抑郁情绪的自助干预形式。

表6-5　实验组绘后感受差异检验

	曼陀罗绘画组 ($M \pm SD$)	自由绘画组 ($M \pm SD$)	t	p
积极感受	3.67±2.77	2.31±2.08	2.32	0.023
中性感受	2.15±2.21	1.83±2.29	0.59	0.559
消极感受	3.33±3.24	2.94±3.05	0.51	0.609

　　针对绘后感受的所有词汇，参考《同义词大词典》（辞海版）和《现代汉语词典》（第7版），对同一词汇进行整理、比对和替换，以便了解被试各种情绪出现的频率以及最常出现的感受，关注其在绘制完曼陀罗之后的情绪状态。将所有的情绪词汇提取并整理后，导入 SPSSPRO 制作词云图，结果见图6-3和图6-4。

　　由两个组的词云图可看出，曼陀罗绘画组主要出现的绘画感受为：平静（39个）、愉悦（26个）、烦躁（19个）、放松（14个）、舒畅（14个）、开心（13个）、轻松（12个）；自由绘画组主要出现的绘后感受为：平静（31个）、开心（14个）、愉悦（12个）、舒畅（12个）、放松（11个）。平静、愉悦、开心、放松、舒畅均是两组体验较高的情绪类型，尤其是平静，是两组中出现最多且第一位的感受。较不同的是，曼陀罗绘画组出现"烦躁"的次数是19次，自由绘画组是8次，这可能跟曼陀罗绘画组的绘画主题会带来更多的扰动有关。

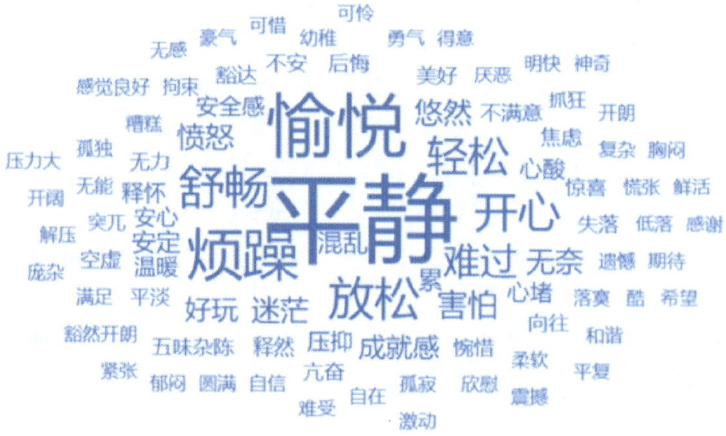

图6-3　曼陀罗绘画组绘后感受词云图

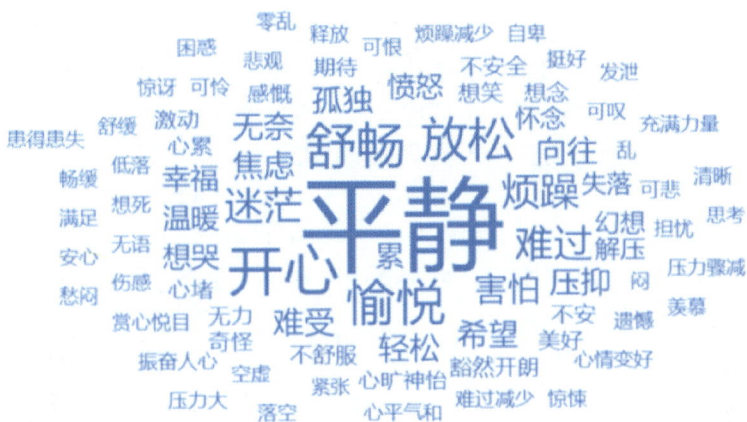

图 6-4　自由绘画组绘后感受词云图

四、小结

本研究与前人的研究结果一致，均发现曼陀罗绘画能有效改善抑郁。但也发现，两个实验组的后测抑郁水平没有显著差异，SDS 的前后测之差也没有显著差异。从 SDS 评分结果来看，两组都出现了抑郁情绪的改善，但两组间的改善效果差异不显著。出现这种情况可能有以下几个原因：①被试选取。招募被试海报已说明是绘画干预，被试对绘画的喜爱程度具有一定的基础和相似性，评分反馈结果也显示两组针对所参与的绘画的喜爱程度上差异不显著。②实验设置。多位曼陀罗绘画组被试表示有时想更多进行绘制，但实验要求限制每周绘制的幅数，从而不能超越实验次数要求进行绘制，而自由绘画组未有此表达，说明被试或许更倾向于选择曼陀罗绘画作为自助干预负性情绪的工具。而实验设置本身有可能影响了曼陀罗绘画干预效果的发挥。③绘制内容。曼陀罗绘本从抑郁发生机制出发，针对抑郁情绪选择相关诗词并设计相关联的主题，在绘制的过程中，可能会激活被试的痛苦经历，揭露出一些伤痛，从而影响评分结果。此外，在前人的研究中也出现过类似情况，曼陀罗绘画组与简单任务绘画组对 PTSD 的干预效果差异不显著，但被试表示在曼陀罗绘画过程中，有试图推倒内心建筑围墙的过程性体验，此时治愈才能真正开始（Henderson，Rosen，Mascaro，2007）。

从两个实验组被试的评分反馈中还有一些补充性的发现，在绘后思考接受程度、对改善抑郁情绪的帮助程度上，曼陀罗绘画组评分边缘显著高于自由绘画组；在绘后思考对自身的收获和启发程度上曼陀罗绘画组显著高于自由绘画组。

整体来看，被试对曼陀罗绘画所感知的帮助和收获启发优于自由绘画。这可能同曼陀罗绘本的设计有关，它由四个篇章构成，四个篇章之间循序渐进，先由以传统纹样为基调的涂色模板开篇，趣味性和观赏性更强；再结合传统诗词抒发情感；然后绘制当下关心的主题用于梳理并深化与此有关的叙事；最后再进行手绘来收敛情绪、汇聚心神。而且每个篇章都设置绘后思考，帮助当事人对绘制的内容进行反思与整理。

从两个实验组的绘画感受分析结果来看，两种绘画形式在完成绘制后最多出现的感受均是平静。但曼陀罗绘画组绘后积极感受显著高于自由绘画组，中性感受与消极感受不存在显著差异。

从 SDS 评分来看，曼陀罗绘画组前后测抑郁得分差值比自由绘画组高 2.21 分，也就是说曼陀罗绘画组在前后测改善值上比自由绘画组高，再结合被试的评分反馈和绘画情绪感受分析结果，综合来看，相较于自由绘画，曼陀罗绘画在调节负性情绪上效果更优，是更适合用于调节抑郁情绪的自助干预形式。

第三节　曼陀罗绘画组篇章喜好及绘后觉察分析

为了更多地了解有关曼陀罗绘本设计方面以及具体引发思考方面的相关信息，本团队特别对曼陀罗绘画组有关曼陀罗绘本各篇章的偏好、绘制特点、绘画觉察主题等进行了分析。

一、曼陀罗绘本各篇章偏好分析

为了收集有关对绘本偏好及改进等更丰富的信息，研究者与曼陀罗绘画组 35 位研究被试开展了半结构式的访谈。针对被试最喜欢的篇章、比较有收获和启发的篇章等也进行了调查，结果见表 6 - 6。

表 6 - 6　曼陀罗绘画组篇章偏好的描述性统计（n/%）

	涂色篇	诗词绘制篇	主题绘制篇	手绘篇
最喜欢的篇章	19（55.9%）	7（20.6%）	1（2.9%）	7（20.6%）
比较有收获和启发的篇章	4（11.1%）	11（30.6%）	12（33.3%）	9（25.0%）

有关"最喜欢的篇章"，有 1 位被试未做勾选，所以总数显示为 34；有关"比较有收获和启发的篇章"，有 1 位被试同时选择了两个篇章，所以总数显示为 36。整体来看，有 19 人表示最喜爱涂色篇。被试大多表示涂色篇不需要动脑，

不需要考虑构图，只需要选择自己喜欢的颜色进行填涂，涂色过程中非常放松，绘制完之后能够感受到成就感。对于无绘画经验的被试来说，涂色能大大减轻绘画压力，不用因作品绘制是否美观而担忧。因此，近六成的被试最喜爱涂色篇。但在比较有收获和启发的篇章选择上，涂色篇选择人数最少，其他3个篇章比较接近。说明涂色篇可能起到的更多是帮助绘画者放松的作用，但在收获和启发上，相较其他篇章会有所欠缺。在最喜欢的篇章中，主题绘制篇的选择人数最少，但选择比较有收获和启发的人数最多。这充分说明，某些篇章虽不一定受被试喜欢或绘制时能带来更多积极感受，但被试可能会获得更多收获和启发。从表6-6中，也可以看出4个篇章的设计及安排顺序是合理的。涂色篇让人放松地进行绘制，减少被试对此干预形式的阻抗并提升兴趣；接下来的诗词绘制篇和主题绘制篇会有更多探索和扰动，最后再由手绘篇进行情绪的收敛和平衡。

二、曼陀罗绘本各篇章绘制特点分析

实验完成后，本团队对35位被试的曼陀罗绘画作品原稿进行了收集。现针对被试对每个篇章模板的绘制选择等特点进行总结与分析。

在涂色篇中，被试选择最多的是具有莲花纹样的7幅模板，被选择进行涂色的次数为24次；其次是由直线组成回纹的4幅模板，被选择次数是20次；再次是盘长纹的1幅模板，被选7次；龙纹2幅，被选6次；梅花纹1幅，被选5次；菊花纹2幅，被选4次。其他纹样都是1~3次，只有宝相花纹未被选择。莲花纹样在涂色模板设计时选用最多，最终也最多被试选择用它来涂色，这与荣格将莲花作为曼陀罗象征的主要表现形式是相契合的。且盛开的莲花本身象征了曼陀罗—自性原型的保护和整合功能，与个体意图去整合内心的对立和冲突从而构建内心的秩序是相应的。直线组成的回纹的模板，多有尖锐而突出的角，尖锐的角的形状具有冲破和攻击的意味，也一定程度上象征了绘画者内心的敌意与攻击需要借由外在的结构进行表达。

在诗词绘制篇中，根据被试选择的诗词进行统计发现，选择比较多的是悲伤情绪的诗词，选择次数为23次，选择苏轼的"十年生死两茫茫，不思量，自难忘。千里孤坟，无处话凄凉"者最多，有14人；选择李煜的"剪不断，理还乱，是离愁。别是一般滋味在心头"的有9人。平静情绪的诗词被选次数是11次，都是选择陶渊明的"结庐在人境，而无车马喧。问君何能尔？心远地自偏。采菊东篱下，悠然见南山。山气日夕佳，飞鸟相与还。此中有真意，欲辨已忘言"这一首。有6位被试在选择悲伤诗词后选择平静诗词。抑郁情绪的个体情绪低落、心境不佳、易悲观，因此，选择悲伤情绪诗词的较多，再选择陶渊明的《饮酒》

这首宁静悠闲的诗词，是希望自身能够获得平静，在负性情绪体验之后借由平静诗词来调整情绪状态。从选择上来看，诗词情绪依次是：悲伤23次、平静11次、开悟8次、豁达8次、喜悦6次、愤怒5次、亢奋5次。诗词的选择既可能跟绘画者更常体验或者体验更深刻的情绪和感受有关，同时也可能跟绘画者自身对情绪的内在调节有关，在体验消极情绪之后接着绘制体现积极情绪或中性情绪的诗词，能够实现情绪的平衡和自我调节。由于干预实验要求被试对这个篇章只在一周内进行绘制，并且只绘制两篇，所以现有研究结果可能只能反映短程的一些绘制特点，而不能完全体现如果让被试自由选择，可能会出现的绘制特点或情绪变化特点。

在主题绘制篇中，根据被试对主题的选择进行统计，结果发现，有13人选择了"请为自己设计一个'护身符'，并绘制在曼陀罗中让它能够保护你"这一主题，占比37%；7人选择"请在曼陀罗中绘制出你的敌意与攻击"；6人选择"请用色彩或意象绘制出你性格中的矛盾面"；6人选择"将曾体验过的无助与无力绘制出来"；6人选择"绘制出内心曾执着于去实现的一个目标"；5人选择"此刻你身体的哪个部位的感受最强烈，请把这种感受在曼陀罗中绘制出来"。其余的依次是绘制梦（4人），绘制家人关系（4人），绘制进退两难、内心纠结的事（4人），绘制"外界他人对你的期待和你对自己的期待"（3人），绘制印象深刻、他人赞同的事（2人），绘制负性情绪指向最多的家庭中的那个人（2人），绘制那些挑战的时刻（2人），绘制家庭中流动着暖意的画面（1人），绘制经历的丧失体验（1人），绘制让你体会到力量与掌控的情境与画面（0人）。从主题选择来看，感受安全是绘画者的首要需求，之后依次是敌意与攻击、矛盾、无助无力、执着的目标等。这些主题的选择与抑郁个体的特点有紧密的关联，它们多是萦绕于其内心并影响其心理功能的重要内容。相对来说，有关关系方面的主题选择较少，有的被试在访谈时讲虽然想表达某些主题（比如负性情绪指向最多的家庭中的那个人），但又觉得会有不妥和不该表达。这也可能跟绘制作品最后需要提交给研究者所涉及的社会称许性有关，导致绘画者会回避自己想去绘制的主题。另外，没有人选择绘制让自己体会到力量与掌控的情境与画面，这既可能跟被试当下的心理状态有关，又可能跟绘制的阶段有关，当情绪和主题表达比较充分之后，也许此类与掌控有关的主题才会被绘画者关注。同时，这个篇章也存在绘制时间及幅数的要求，在一定程度上会限制绘画者的表达。

手绘篇不存在选择，而是被试按照指导来完成手绘作品。有近四分之一的被试选择最喜欢这个篇章，并能从中获得启发和收获。相较其他篇章，在绘后产生新的觉察和认识上，此篇的描述也较多；绘后的情绪感受方面，也存在更多中性情绪和积极情绪。

三、曼陀罗绘画组绘后觉察主题分析

针对曼陀罗绘画组35位被试的283幅（每位被试8幅，有3位被试均多画了1幅）绘画作品中绘后思考部分的"新觉察和认识"进行主题分析，发现觉察的种类共有13个（见表6－7）。没写觉察认识的有38幅，有8个被试存在只进行绘画而未写觉察认识的情况。其中有4个是只写了1幅，其他4个有1~3幅没写新的觉察认识。

除此之外，提炼的觉察种类按照频次及被试数，依次是"生存、生活的启示和行动的方向"（83/28），"情绪感受或变化"（40/18），"绘画作品、绘画水平、绘画过程带来的感受"（30/16），"对自己的新发现、新洞察"（24/17），"对事物的一般性认识"（15/9），"已有认知的修正、扩展"（13/7），"禅悟"（9/7），"清晰自己的内心期待或向往"（9/6），"整合性的认知"（8/7），"觉察自身内在深层的或无意识的内容"（6/4），"对自己的不满与否定"（5/5），"其他"（3/3）。

表6－7　曼陀罗绘画组绘后觉察分析

觉察的种类	频次（绘画幅数共283）	被试数（$n=35$）
没写觉察认识	38	8
生存、生活的启示和行动的方向	83	28
情绪感受或变化	40	18
绘画作品、绘画水平、绘画过程带来的感受	30	16
对自己的新发现、新洞察	24	17
对事物的一般性认识	15	9
已有认知的修正、扩展	13	7
禅悟	9	7
清晰自己的内心期待或向往	9	6
整合性的认知	8	7
觉察自身内在深层的或无意识的内容	6	4
对自己的不满与否定	5	5
其他	3	3

"生存、生活的启示和行动的方向"这一类别的觉察，是出现频次最多的（83 次），也是出现被试数量最多的（28 人）。它是指被试的觉察内容包含了一些有关生存、生活启示的想法，以及后续的一些行动方向。比如：

"很多事情的发生不是我能控制的，不如活得轻松一些"（被试 02）；

"撕掉假面，适当露出真我""世间万物都有属于自己的特色，不必在乎他人的看法""人要去追求自由、完成自己的理想"（被试 08）；

"适当执着于过去、担心将来没有问题，但是过量了就不好了。珍惜当下，或许就能日渐放下过去"（被试 12）；

"此心安处是吾乡。安全感是自己给自己的。身体健康最重要"（被试 21）；

"人生不止一条路，也许当下你选择的这条路会让你感到后悔，但应该结果都会到达想要到达的地方吧""不在沉默中爆发，就在沉默中死亡。当你急躁生气时，不妨换种角度思考问题"（被试 23）；

"护身符是身外之物，强大的安全感出自坚强、勇敢的心"（被试 24）；

"也许我应该尝试着跳出生活的舒适圈，去看看更加错杂的线条，去尝试更加大胆的配色，哪怕我不知道这个颜色涂上会不会好看，我也想去试一试""不要太纠结，顺从自己的内心"（被试 26）。

这些觉察讲述了对不可控的接受、对自由和理想的坚持、解绑于他人及外在的想法、把握当下而不执着于过去、安全感出自自身而非环境、跳出舒适圈尝试更多可能性等，这些启示和行动方向会指引和影响被试的后续行为。

"情绪感受或变化"这一类别出现也较多（18 位被试 40 次提及），它是指在对觉察的描述中，被试谈及了通过绘画或观看作品所感受到的情绪或者情绪感受产生的变化。部分被试谈及通过绘画自己由负性情绪转向了中性情绪或积极情绪，比如：

"在想象中思绪万千。绘完后觉得心情舒畅，在绘画后发现自己内心的快乐""心中渐渐舒坦"（被试 01）；

"鲜艳的荷花令人心情明朗，缥缈的烟雾令人心情轻快，缠绵的红霞令人心情愉悦"（被试 08）；

"觉得人生很美好，生活很精彩，像彩虹般缤纷"（被试 09）；

"随着诗句想象的画面，放松"（被试 18）；

"它能让我静下心去掉所有浮躁不安"（被试 21）；

"画画涂色真的可以让人感到平静、快乐。曼陀罗的对称、规则也治好了人的强迫症。这幅画让我想到了过年时大家庭聚在一起吃饭的热闹温馨场面，心灵有了一点慰藉""感觉心情没那么糟糕了，本来今天心情挺不好的"（被试 25）；

"绘画完感到满足，让我想起高三奋斗的日子""火焰的红色能给我满足感，黑色给我安全感""向外不断重叠绽放，让我感到满足"（被试28）；

"心情由浮躁变得平静""有向上的冲动，但是感到情感亢奋"（被试32）；

"在一笔一笔的涂色中，心中的压力逐渐减小，心也变得欢快起来。我的画虽然不像法阵，但它让我快乐起来""焦虑得到缓解"（被试34）。

在上述被试的描述中，涂色或作品本身调节了情绪，缓解了焦虑和浮躁，或者带来了愉悦、快乐、美好、亢奋等正性的感受。当然，也有一些被试提及绘画后所觉察到的负性的情绪感受，比如：

"好像每次绘画完后，心里郁结着什么东西"（被试02）；

"我觉得自己像个尖刺球，可再尖锐的棱角也刺不穿这压抑的大环境"（被试09）；

"思绪混乱，心情焦虑"（被试15）；

"灰棕色的云，让我觉得有些压抑"（被试16）；

"凌乱，越看头越晕，不想再盯着看了"（被试28）。

在这些觉察中，可能绘画过程或作品中的颜色和意象等激活了被试内在的负性情绪，比如郁结、压抑、混乱、焦虑、凌乱等，引起其本身已有压抑解除后的情绪扰动。在绘本中附有安全岛和放松训练等推介链接给被试体验，助其用于对内在的扰动进行平复。

"绘画作品、绘画水平、绘画过程带来的感受"（16位被试30次提及）是指在对觉察的描述中，被试对绘画作品、绘画水平进行了评价，或者对绘画过程的难易等进行了关注和描述。部分被试表达了对绘画作品和绘画水平的满意，觉得绘画过程是一个创作的过程，比如：

"中国结（给人）感觉是心心相连，环环相扣。两种不同颜色的祥云还挺好看的"（被试04）；

"画画是一个创作的过程"（被试11）；

"外边的圆圈（蓝）、中间的圆圈（紫）代表着比较正能量的事物，而六角星代表着比较负能量的事物。两者之间相互影响，但负能量多一些"（被试17）；

"最外圈的叶子看着很舒服，第三个圈中的叶片看着像一把把刀子""色彩搭配协调""图形感觉活跃起来，生动"（被试18）；

"对称相平衡"（被试22）；

"画得还挺好看的"（被试28）；

"让我联想到了过年的窗花"（被试34）。

部分被试表达了对绘画作品和绘画水平的不满，比如绘制过程比较困难或绘制作品达不到自己的想象，比如：

"感觉中间深，外围颜色浅，颜色搭配有点突兀，但比较吸引我眼球""留白有点多，色彩太暗了""我发现我画错了一笔。这幅我觉得很温暖，我希望我能热烈、勇敢一点""中间有点空，下次再填个颜色"（被试04）；

"涂颜色也不错，画得没有想象中好看"（被试05）；

"好难画"（被试11）；

"画画要有耐心，颜色不均很令人不爽""线条太密集了，应该把第三层莲花瓣的银线删掉。其间涂了几次颜色都擦掉了，优柔寡断，越画越丑""梦里原本有点克苏鲁和伊藤润二①的感觉，但我画不出来"（被试14）；

"有些笔的颜色表里不如一，看上去与画出来的不同。有些色彩的碰撞使人赏心悦目，而有些则不然""我画画水平真差，要多练练"（被试15）；

"想象很美好，现实很骨感，丑得（想）哭"（被试16）；

"有点黑暗，不吉利"（被试17）；

"本来想画凌厉一点的，结果没想到画出来的像一朵花，中间像太阳散发光芒一样"（被试25）；

"画得太急，不能表达我心里的意思"（被试28）。

有8位被试直接提及了对绘画作品或绘制水平的不满，这种不满可能同其对自身的否定与不满相关联。过高的自我要求、过于完美主义、过低的自我评价和自贬心理都可能导致其对作品有过高的要求和评价标准，进而产生对作品或绘制水平的不满。仅有4位被试直接提及了对绘画作品或绘画水平的满意，这跟我们对抑郁个体的认识也是一致的，较少的个体会对自己有正性的感受，当然也包含对自己的作品。

"对自己的新发现、新洞察"也是出现比较多的一个觉察类别（17位被试24次提及），它是指透过绘画，对自己产生了新的认识。有一些新认识是感受到了自己的变化，有些事情已经过去，有些遗憾已经放下，有些不美好的记忆变得美好等，比如：

"很无助的那时候也成了过去"（被试05）；

"自己好像释然了没有获得最佳导演的遗憾，集体的喜悦似乎更让人快乐"（被试31）；

---

① 克苏鲁是日本动漫中的邪神，伊藤润二是日本恐怖漫画家，这里出现的两个人名指代"恐怖"。

"原来当初想逃离的地方，现在看来是如此的美好"（被试34）。

有一些新认识是对自己特点的阐述，比如：

"我不可能被磨平棱角"（被试02）；

"我不是很喜欢画画，好像更喜欢做能给自己带来成就感的事"（被试15）；

"他人对我的期待会让我对自己有更高的要求"（被试17）；

"感觉自己过于纠结已经发生了的事情"（被试18）；

"你（我）可能比我想象中的自己要更美好一些"（被试26）；

"喜欢明亮多彩的世界，对提不起兴趣的事情缺乏耐心""想象力丰富的我缺乏耐心"（被试27）；

"我喜欢直线，不喜欢弯曲的"（被试28）；

"我喜欢对称的事物"（被试29）；

"画完了才发现，超我确实太强大，总想着活成别人想要的样子"（被试33）；

"感觉自己的坚持力有所加强"（被试34）。

还有一些是对自身情绪产生的原因、道路选择、已知领域的新觉察，比如：

"一切恐惧源于火力不足"（被试10）；

"我有两条路可走，截然不同。一条让我感到自身成熟的价值和智慧的惺惺相惜，需要两个人一起努力成长，共同面对生活的磨难。另一条路的我则像个公主，抑或是个幼稚的孩童，自己的思想观点永远被忽视，任凭我声嘶力竭地吼叫、狂怒，在他或者家人眼里都是幼稚的。我被禁锢，但可以无忧无虑被保护得很好""我的世界就像大海一般壮阔波澜，虽然有着很多未知领域，但已知岛屿具有蓬勃生机"（被试20）。

"对事物的一般性认识"（9位被试15次提及）这一类别是指被试绘制完阐述了一个一般性的认识。被试没有直接表述所产生的内容与自己的关联，更像是一种理性层面的认识。比如：

"何不食肉糜？统治者应下来多体察民情"（被试07）；

"无处不在的规则和逻辑""生物的多样性"（被试10）；

"不同颜色的混合会形成新的颜色，就像两个不同的人之间会产生化学反应"（被试15）；

"想象和事实天差地别"（被试16）；

"水至清则无鱼，世人熙熙攘攘，红尘烦乱，俗务缠身、俗事牵挂。便只能大隐隐于世一般，装作正常人，混迹在无数看似正常的现实人之间。……也许

'正常人'和'正常思维'只是所有人的外壳而已""我们的灵魂、意识、头脑与外面世界的联系与认识的深浅，很多时候受到我们自身的影响，而无法将其作用全部发挥。其实人的潜力是无限的，包括我们的认知，很多时候只是被自身各种负面情绪抑或是心理防御机制给削弱或者是遮挡住了"（被试20）；

"矛盾是事物发展的根本动力。家家有本难念的经"（被试21）；

"菊花之所以净纯，是因为它临风傲骨，凌寒不惧；人之所以高洁，除了他拥有菊花的品质外，还拥有一颗宁静致远的心""我认为'梦'是区别于意识，世界上最神秘、有趣的事物"（被试25）。

如果单个被试在所绘制的8幅作品中过多出现这类觉察，可能意味着被试具有一定的情感隔离特点，将自身隐于所表达的观点之后，很难直接谈及跟自己有关的想法和感受。

"已有认知的修正、扩展"（7位被试13次提及）是指被试在觉察中更正了自己旧有的认识，或者扩展了自己已有的认知，增加了内在的弹性。有一部分是借由绘制中产生的瑕疵或突破成规而生成的新觉察，认识到瑕不掩瑜、突破的意义或顺其自然的价值，比如：

"颜色明明不太和谐，却莫名觉得这样也不错""细节的瑕疵并不影响整体的美观，瑕不掩瑜""总感觉少了点什么，大概一切都是最好的安排吧"（被试16）；

"刚开始想给龙涂上红色和黄色，但没选，涂完之后发现也可以，我意识到不一定要墨守成规，有时突破也有新惊喜"（被试23）；

"本来想画的是一把弓，画完之后发现也很像是一个时钟，或许有些事情不如预料的那样发展，但可能结局有不一样的发现和收获"（被试25）。

上述觉察可以帮助被试"破执"，使之能够顺其自然地接受超出自己预期或设想的事情。有一部分是借由绘制本身修正或扩展了已有的认知，增加了另外一个新的角度来看待事物，比如：

"白云不止有一个颜色，也可以五彩缤纷"（被试01）；

"突然觉得他人的期待也并非全是压力"（被试04）；

"人的性格复杂多样"（被试13）；

"原来彩色笔不是只用来涂色，也可以用来勾勒线条"（被试16）；

"我们每个人都被条条框框约束着，有时候可能会不理解，但其实每个条条框框都互相联系，现阶段的条框可能不会对未来有太大影响，但在现阶段是有意义的、有感悟的"（被试23）。

上述新角度的增设可帮助被试去除条条框框的限制，突破思维定式，增加心理的灵活度。

"禅悟"（7 位被试 9 次提及）这一类别指的是被试在觉察中表述了有关去执、放下、色即是空、万物往复等洞达禅理的想法。这些禅悟的出现可能跟诗词中所提供的开悟词句有关，也可能跟被试希望借此来进行情绪的自我调节有关。具体比如：

"一切愁绪烦恼都会随风而来，随雨而去吧"（被试 13）；

"镜花水月一场空，此生只是浮生梦""结束就是新的开始，阳光与植物将会覆盖原来的千疮百孔，并进行自我修复，循环反复、周而复始"（被试 19）；

"上善若水，宁静致远"（被试 21）；

"活在当下，珍惜当下，坦然过好每一天，不以物喜，不以己悲"（被试 24）；

"有些事如果太在意就会如影随形，使你烦乱。有些事如果能看淡，就如过眼云烟，获得宁静""不要太过于执着，有时随心所欲反而能顺顺利利"（被试 26）；

"悟已往之不谏，知来者之可追"（被试 27）；

"放松、无争，自会舒心"（被试 31）。

这些禅悟与生存生活启示有些接近，但又超越其上，禅悟更多表达了一切都会过去、循环往复、周而复始、去除执念、顺其自然等认识，希望个体可以超越现实矛盾、生命痛苦，洞察人的生命本质，解放心灵，获得自由。

"清晰自己的内心期待或向往"（6 位被试 9 次提及），这类是指绘制完成后被试明晰了自己内心所期待或向往的事物。比如：

"想吃梅子，想喝青梅酒。我觉得自己一点都不迷茫，我很清楚我自己想要什么""这是心里最向往的未曾到过的地方""越来越知道自己到底向往什么"（被试 02）；

"有父母陪伴我才觉得很快乐"（被试 18）；

"让不开心通通被风刮走，有朝一日想要乘着热气球飞上天空，一览风光"（被试 19）；

"我的未来就如同这图画一样，终会'繁花似锦'，但具体是什么颜色还需要斟酌"（被试 20）；

"虽然我们一家人之间有很多不开心的经历，现在家庭境况也不怎么好，但我希望每个人都能乐观面对，不要有太大压力，家人同心，其利断金"（被试 25）。

在这些期待和向往中，有些是指向具体的事物，比如某个地方、某些食物；有些是较接近内心感受的，比如自由、繁花似锦；还有些是指向关系的，比如家人陪伴、家人同心等。

"整合性的认知"（7 位被试 8 次提及）是指被试在绘制后觉察到原有的对立面并非只是排斥的关系，也是可以融合与共存的。被试在觉察中阐述了人不是非黑即白，而是善与恶共存的；生活从来都是泥沙俱下，鲜花与荆棘并存；不规则的事物也会凸显秩序的价值；内心的混沌狂乱和自洽统一完整是并存的；别人的开心和自己的开心是可以共存的；离别未必意味着消失；风雨孕育新生，等等。这些认识可以帮助个体更客观、理性地看待世界与人性，接受世界和人本来的样子，减少对立所带来的非此即彼。比如：

"让别人感到快乐就是满足大众的需求。或许别人开心的时候，我也可以学着开心"（被试 07）；

"我觉得一个人不可能是非黑即白的，至少我不是。曾经我一度厌恶自己的黑暗面，厌恶自己的矛盾性格，但现在我觉得这个世界上很少有极其纯粹的善与恶，大多数人心中都有两个'我'，即'善'与'恶'，人性那么复杂矛盾，何必对自己耿耿于怀"（被试 09）；

"人有悲欢离合，我或许应该想开一点，就算他们不再参与到我的生活中了，可我至少在脑中留下了他们曾经来过的痕迹，这很值得我细细回味，我会记得他们，永远"（被试 12）；

"生活从来都是泥沙俱下，鲜花与荆棘并存，有花也有尖角"（被试 15）；

"我内心世界的尖锐，脑海深处在哀号、尖叫，我想要毁灭，我原来一直在恐惧和害怕某些事物。我的心海充满着浑浊、混沌、神秘、狂野、狂乱、尖锐，不过我这个系统自洽、统一、完整"（被试 20）；

"色块和线条的规律性让我感到舒心和平静。一两点不规则的事物会让秩序更显价值和美感"（被试 24）；

"新生的万物往往是要历经风雪的"（被试 32）。

"对自己的不满与否定"（5 位被试 5 次提及）是指被试在绘制完后，觉察中表达了对自己特定方面的不满与否定。在这些不满和否定中，部分是直接指向自身的，认为自己是笨蛋或对自己长时间玩手机不满；部分是指向关系层面的，认为自己是妈妈的麻烦，不被需要和没有人懂。比如：

"明明我可以不玩那么久的手机"（被试 05）；
"我是笨蛋"（被试 11）；
"我很想控制住自己的脾气，但妈妈总能让我破防，我不想吵架的，在她眼里我就是个麻烦，什么都做不好，我永远也改变不了她对我的看法"（被试 12）；
"觉得自己不被需要"（被试 18）；

"孤独才是永恒的，热闹是他们的，我什么都没有，不指望谁懂"（被试27）。

这类觉察既表达了被试对个体自身的否定，又表达了人际层面的不如意。

最后一类是"其他"（3位被试3次提及），未能归到其他类别，又无法归纳为一类，所以归拢为"其他"。

四、小结

从对曼陀罗绘本的篇章喜好分析中可以看出，被试最喜爱的篇章是涂色篇，但比较有收获和启发的是主题绘制篇、诗词绘制篇和手绘篇（评分接近）。由兴趣代入，由收获和启发巩固，说明四个篇章的设计、选择与放置顺序是合理的。涂色篇不需要绘画者考虑构图和绘制内容，只需要选择自己喜欢的颜色进行涂色，这会让绘画者比较放松，协助其情绪产生调节与转化，很多被试也表示绘后感受到平静、愉悦、放松等相关情绪。但在引发思考及获得启发上，其余三个篇章发挥的作用更强。在设计及顺序上，先是涂色篇，让绘画者熟悉曼陀罗，并进行无压力的放松绘制，体验绘画所带来的感受变化，提升对曼陀罗绘画的感知和兴趣；然后是诗词绘制篇，代入诗人所描绘的意境和画面，激活、表达并转化自身的情绪；再是主题绘制篇，绘画者自由选择想绘制的主题，将相关的主题进行外化、体验并思考；最后是手绘篇，借由对称、有序的结构式曼陀罗的绘制，来收敛心神、凝聚内心。所以绘本选择设计四个篇章，并排序为先涂色，再诗词、主题，最后手绘，这种设计是妥当的，可继续保持。

针对各篇章的绘制特点，在涂色篇中，具有莲花纹样和直线回纹纹样的模板被选择次数最多，其他盘长纹样、龙纹、梅花纹、菊花纹、如意纹等也有一定数量的被试进行绘制，只有宝相花纹和螭纹的选择最少。莲花纹样本被荣格誉为曼陀罗的象征，且具有保护和整合的功能。直线回纹的模板是曲线模板的一种补充，且多具有尖锐突出的角的形状，理性较强，内在具有一定攻击、敌意、突破意愿的个体多会选择此类模板。盘长纹、龙纹、梅花纹、菊花纹、如意纹等被选择的次数跟设计预期较一致。盘长纹会更多引发被试有关中国结、过年的窗花、平安、心心相连、环环相扣的思考和感受；龙纹会引发被试有关五行、图腾、蛇、恶龙、金龙、巨人等联想；梅花纹和菊花纹会引发被试关于绽放的花、花朵的绚丽多彩、缤纷的色彩、美好、期待等联想；如意纹会让被试联想到长命锁、云彩等。盘长纹、如意纹、菊花纹、梅花纹等，多会投射跟美好有关的联想内容；龙纹所投射的内容多跟传统关联，且多能体现力量，不论这种力量是善是恶、是可驾驭的还是不可驾驭的。选择宝相花纹的较少，可能跟其形态是从各种花卉中提取而来有关，它的纹样没有以特定自然形态作为造型基础；也可能跟模板较复杂有关。螺纹较少被选择可能跟模板较复杂有关。后续在对绘本的涂色模板进行完善时，可以继续保持较多莲花纹样的模板，增加直线形式的模板，同时调整模板的复杂程度，便于被试绘制。

从有关绘制完成后所产生觉察的主题分析部分，可以发现，在调节转化情绪之余，绘制确实能够引发被试产生有关生活、生存、行动方向等方面的新启示；也会产生对自己的新发现和新洞察，有些还会对自身的潜意识内容意识化；或者修正并扩展已有的认知，整合一些原本对立的关系，增加心理的灵活性；还有的会促进个体的禅悟，超越现实矛盾，洞察人的生命本质，获得心灵自由。当然，也有部分被试会更多关注绘制作品、绘制水平和绘制过程，其中也有一定比例的被试对自己的绘制作品、绘制水平或某些方面的特点存在不满，这种否定和不满与抑郁个体较高的自我期待、完美主义的心理特点有一定的关联，可能受其内在"我不够好"的信念的影响。其中也有部分案例表达了虽然绘制作品未能如预想的一样，但细节的瑕疵并不影响整体的美观，突破常规、随性又会带来另外的美与收获。绘制后的觉察和认识会在认知层面影响当事人，这可能也是绘本能够缓解抑郁情绪的作用机制之一，因此，在后续的绘本应用中可继续保持绘后的思考与觉察。

第七章　大学生抑郁曼陀罗绘画自助干预绘本系列作品分析

第一节　涂色篇曼陀罗绘画作品分析

曼陀罗绘画组的被试在使用绘本时，可以从涂色篇中选择 2 幅自己想涂色的模板进行绘制。下面按照被试较多选择的模板，遴选出代表性作品，并对作品的命名、颜色、意象、联想、绘画感受、新的觉察等予以分析。

一、莲花纹绘制作品分析

在所设计的涂色模板中，包含莲花纹样的模板是最多的，被试选择具有莲花纹样的模板进行涂色的也是最多的。从表 7-1 的代表性作品中可以看出，因为具有莲花纹样的特征，所以多数被试的作品命名都包括"莲"或"花"字，比如"水中莲花""莲""银莲""莲心""镜花水月""镜中花"等。联想的内容有些是直接由纹样所产生的意象性联想，如绽放的莲花、盛放的鲜花、莲花台等；有些是指向意象所具有的象征意义，如佛像、梵音、宗教、观音、金刚等；有些是由象征及被试内在状态所投射出的反映内在情绪的相关内容，如苦难、炼狱、巫蛊、束缚、静心、勇敢等。而在绘后感受上，涂色莲花纹样的作品往往能够给被试带来积极的情绪感受或实现情绪的转化，如开心、成就感、平静、安宁、舒畅、放松、喜悦等，也有少数被试表达了复杂的情绪或者对自己绘制水平的不满，如好丑、心堵、不安、心情复杂、没有画出自己内心最适合的色彩等。

涂色作品的颜色选择是反映被试内心情绪的重要指标。除被试 14 之外，其余被试使用的颜色数量都较多，且颜色较鲜艳、明度较高。被试 14 的两幅作品都使用了黑色、白色和黄色，且黑色的涂色面积最大，但黄色很好地在其中起到了平衡的作用，让原本沉暗的颜色融入了明亮。颜色的使用也与被试的联想和绘画感受相应和。在联想的内容中，既有象征神圣、保护的佛像、梵音、僧人、宗教等，又有象征惩罚、邪恶的怒目金刚、炼狱、巫蛊等。反映了被试 14 内心两种力量的冲突与对立，但第一幅《莲》的内在红色部分（象征热情与能量）、莲瓣的黄色线条，第二幅《银莲》的外圈黄色莲花、内部莲瓣的白色线条，对于稳定和转化黑色所象征的阴影或情结是有帮助的，即被试内在具有自我疗愈的功能。

表7-1　涂色篇莲花纹样代表性作品

绘制作品	作品命名	联想	绘后感受	新觉察	被试编号
	水中莲花	清澈的池塘里绽放着朵朵粉色的莲花	乐在其中，开心	思绪万千；绘完后觉得心情舒畅；在绘画后发现自己内心的快乐	01
	莲	莲花、佛像、钟声、梵音、怒目金刚、苦难、火、炼狱、僧人等	黑色上得不均匀，好丑；挺有成就感	画画要有耐心；颜色不均很令人不爽	14
	银莲	宗教、祭祀、苗族、巫蛊、梵音	好丑、心堵	线条太密集了，应该把第三层莲花瓣的银线删掉。涂了几次又擦掉，优柔寡断，越画越丑	14
	镜花水月	莲花、水面、月亮	心里空空的，有些平静	有些东西表面鲜艳亮丽，其实打开里面一看很一般；"镜花水月一场空，此生只是浮生梦"	19

（续上表）

绘制作品	作品命名	联想	绘后感受	新觉察	被试编号
	海蓝之心	《斗罗大陆》里的海神台，神祇台，闭关修炼，静心打坐的莲花台，小龙女的冰床	安宁、平静	不必太急切追求热烈的生活，平淡是保持安宁的作用力；原来我内心有这么丰富的情感和创造力	20
	莲花落	花鼓；观音菩萨；流动的水	有一点不安，感觉画得比上次好一点	生命是脆弱的；人人平等	21
	莲心	一朵盛开的莲花和花在水中的倒影；镜子；束缚；气味	身心舒畅	色块和线条的规律性让我感到舒心和平静。一两点不规则的事物会让秩序更显价值和美感	24
	盛放	一朵盛放的鲜花	觉得涂得很好看，颜色搭配比较好。可能人生就如这颜色一样，绚丽多彩、慢慢进步	在做的过程中可能觉得很累，但是做完以后回看过程和结果，觉得是值得的	25

（续上表）

绘制作品	作品命名	联想	绘后感受	新觉察	被试编号
	镜中花	一朵漂浮在水面的莲花，可是水面上倒映的并不完全是它真实的样子	心情复杂	你（我）可能比我想象中的自己要更美好一些	26
	群魔乱舞	打坐的观音、飞翔的粉幽灵、鹰眼、小笼包、汗水、泪珠、莲花、含苞待放的花	没画出自己内心最适合的色彩	想象力丰富的我缺乏耐心	27
	花样年华	繁花似锦的世界	很开心，很放松	开心地过好每一分钟，留心身边的风景	30
	莲花池	以前母校的莲池；观世音的莲台；生于水下，浮于水上，勇敢展示自己	比较平静，些许喜悦；带着些许疲累，可能是画了2小时的缘故	守护初心；大胆点，突破成规，做自己想做的；自己还是不够强大；走出自己的世界	33

二、盘长纹＋莲花纹绘制作品分析

中国文化中，盘长纹是吉祥的象征，莲花具有神圣的意义，这两个纹样借由云纹予以结合。被试选择这幅模板进行涂色的也较多。下面选出了一些代表性作品来做一些直观的分析（见表7－2）。

从作品命名来看，有些是关注莲花纹样的意象予以命名，如"彩荷出霞""莲心""千福莲""艳佛莲"；有些是关注盘长纹样的象征意义予以命名，如"吉祥和平""岁岁平安""吉祥"；有些是引申为整体的寓意，如"平平淡淡""不染拂尘"。在联想内容上被试也多会联想到一些具体的意象，比如中国结、中国联通、莫比乌斯带、荷花、彩云、彩霞、哪吒等；同时也会有意象所带来的具体象征下的感受，比如团圆、宁静、清凉、洁净、纯洁、自由洒脱等。在绘后感受方面，跟上面所反映的情形一致，多数被试会产生积极的情绪感受或出现情绪的转化，如放松、松快、明朗、平和、平静、自信、安宁；同时也有少量被试表达了对自己绘制水平的不满或忧愁的情绪。

在颜色选择方面，几乎所有被试都将盘长纹用红色、粉色或玫红色进行涂色，莲花部分用粉红色进行涂色，莲蓬部分多用绿色或黄色进行涂色。而颜色使用有较多差异的是云纹颜色的选择，依次有蓝色、灰色、黄色、棕色、紫色。针对盘长纹和莲花纹在颜色使用上的接近性，可能是受纹样意象的确定性所影响，被试倾向于选择同实物特征相近的颜色进行涂色。这种特点可能对意象本身所象征的意义的相关情绪表达有益，但对被试内心更丰富内容的投射是有限制的。云纹的颜色差异，可能反映出其更能够让绘画者投射出内在的情绪状态。所以整幅纹样相对更适合用来引导并激活当事人静心、放松、平安、吉祥等关联性的感受，而不太适合用于对当事人更多潜意识内容的挖掘。

表7-2　涂色篇盘长纹＋莲花纹代表性作品

绘制作品	作品命名	联想	绘后感受	新觉察	被试编号
	平平淡淡	中国联通、中国结、平安、梨泰院①	整幅图感觉比较传统，平平淡淡，希望每个人都能健康平安	中国结（给人）感觉是心心相连，环环相扣。两种不同颜色的祥云还是挺好看的	04
	吉祥和平	过年的场景，团圆	绘制一幅画需要有耐心，慢慢地去完成	不能烦躁，每一件事都有一定的原因，最开始的认识会一直影响着我们的想法	08
	彩荷出霞	荷花、烟雾、彩霞	很放松，心情很松快、很明朗	鲜艳的荷花令人心情明朗，缥缈的烟雾令人心情松快，缠绵的红霞令人心情愉悦	09
	莲心	宁静、清凉的亭子，亭子底有莲花	平和	莲花宁静祥和，要心平气和地面对生活	13

---

① 梨泰院是韩国首尔的一个观光旅游区，梨泰院一条街是首尔市最具异国风情的地方。

（续上表）

绘制作品	作品命名	联想	绘后感受	新觉察	被试编号
	千福莲	祥莲、彩云、千色福	矛盾多变的色彩描绘了一幅不太美丽的画，我果然还是不适合绘画	上色源自它本身的色彩，但想有些改变，有极大的反差，灰棕色的云让我觉得有些压抑	16
	不染拂尘	洁净、清白、纯洁、自由洒脱	秋风年年拂尘世，愁丝亦无决断时	对称相平衡	22
	艳佛莲	海面上升起一朵莲花，散发属于自己独特的色彩	内心平静一点，有点自信	自认为：做人佛系，但不要沉闷，要散发艳丽的色彩，做自信的人	31
	岁岁平安	中国结、盛夏的荷塘	平静、安宁	让我联想到了过年的窗花	34

127

（续上表）

绘制作品	作品命名	联想	绘后感受	新觉察	被试编号
	吉祥	送子观音，中国人对"福"的追求，哪吒，莫比乌斯带，中国联通，对称	画很寡淡，不饱满，不满意	暂时没有	35

三、龙纹绘制作品分析

龙纹纹样的模板有两幅，第一幅的龙纹属于卷龙纹，第二幅属于云龙纹，是相对简单的龙纹纹样，便于绘画者进行涂色。这里选择了 5 幅代表性作品进行较直观的体验与分析（见表 7−3）。

在命名方面，5 个作品中，有 3 个表达了跟"乱"相关的内容，如"疯狂的世界""龙迷雾中""幻"，另外 2 个表达了待时而动或者升腾突破的含义，如"潜龙在渊""腾云"。在联想方面，被试 27 和被试 23 是受纹样本身及涂色后的特点而产生的联想意象，比如章鱼哥、无脸巨人、小野兽、恶龙、蛇、羊角、火龙果等；被试 19 是出于意象所带来的象征意义而产生的联想，比如金木水火土、光明与黑暗、古老图腾；被试 08 和被试 33 是由涂色图案激活了自身的情绪感受，比如被试 08 的乱乱的、压力大，被试 33 的被迷住、喘息、怒吼、失去方向。在绘后感受方面，积极情绪与消极情绪并存，有舒畅、敬畏、感慨、成就感、惊喜，也有纠结、浮躁、乱的感受。但在觉察方面反而出现了较一致的内容，几位选择龙纹的被试在觉察中都表达了有关突破和"回归本心"的认识。

从颜色选择来看，更体现了个性化的处理，绘画者可以更加自由地发挥。

被试 19 的作品中，以黑色为底色，龙头涂成黄色，龙身主要是蓝色、黄色、橙色和棕色，外圈专门进行了涂色，涂为紫色。而其对此幅作品的命名也是"潜龙在渊"，黑色的部分可能象征着深潭或无意识，而龙的意象可能象征着伺机而动或准备冲破无意识的巨大能量。虽然暂时被黑色所桎梏，但中间明度较高的黄色及周边的蓝色，与"打破壁垒，飞龙在天"的觉察能够很好地呼应。从被试的作品及绘后思考来看，龙纹的纹样在颜色上会让绘画者更自由地进行选择而较少受限制，在投射内容上虽然会受意象象征意义的影响，但仍可更多依赖绘画者本身的心境而产生投射内容并生成情绪感受，在新觉察上也会生成更多有关突破、坚持自我的认识。可见龙纹是比较适合让绘画者代入自我、激活潜意识且认识内在能量的纹样。

表7-3　涂色篇龙纹代表性作品

绘制作品	作品命名	联想	绘后感受	新觉察	被试编号
	潜龙在渊	金木水火土，光明与黑暗，古老图腾	心情舒畅、有种敬畏、感慨	黑色很美丽；打破壁垒，飞龙在天；五行相克相生；要学会表达情绪而不是自我挣扎	19
	疯狂的世界	握起拳头的章鱼哥，无脸巨人，奔跑的小野兽，粉红色的恶龙，蛇，盘羊羊角	颜色不理想，有一定的成就感	喜欢明亮多彩的世界，对提不起兴趣的事情缺乏耐心	27
	龙迷雾中	迷雾把金龙迷住了；金龙似在喘息、怒吼，失去方向；祥云在底下，拨不开雾，看不见祥瑞之云	有点小纠结，身上的鳞片是保护还是累赘？带着浮躁，不太能静下来	靠自己动手做，才能挣脱焦虑的情绪；周遭诱惑众多，尝试回归本心，找寻真正想做的事	33

（续上表）

绘制作品	作品命名	联想	绘后感受	新觉察	被试编号
	腾云	自己的生活像线条一样乱乱的；作业多，压力大；父母的期望	心里有点乱，觉得自己不好	世间万物都有属于自己的特色，不必在乎他人的想法	08
	幻	龙头让我想到了火龙果	好惊喜，我把我想到的颜色用上，虽然感觉不太合常理，但没想到有别样的惊喜	刚开始想给龙涂上红色和黄色，但没选，涂完之后发现也可以，我意识到不一定要墨守成规，有时突破也有新惊喜	23

四、六芒星结构绘制作品分析

在所有模板中，选择六芒星结构进行涂色的也较多。这幅模板具有整合的功能和意义，六芒星也有指引的象征含义。

所选择的代表性作品中，在命名上没有什么特定的规律，比较多样，比如"无用的秩序""地球""魔法阵""再现""乱""星芒"。在联想的内容中，较多被试会联想到跟魔法或魔法阵有关的内容，比如美少女战士、魔法少女小樱、魔法、魔法阵等；除此之外联想的内容比较丰富，有些是具体意象的联想，如盾牌、蓝天、黑夜、太阳、土地、森林、七芒星、冰、轮子等；有些是引申的联想，如规则、自我、粉饰、宏大、稳定、浪漫等。在绘后感受上也是积极情绪与消极情绪并存，有圆满、安全、安定、和谐、对称、放松这些积极感受，也有愤怒、不满、困乏这些消极感受。但在觉察的部分又有对坚定、自洽、统一、情绪转化、不同的人之间会产生化学反应等新的认知与启发。

同样，涂色时的颜色选择也同龙纹纹样模板相似，被试会比较自由，不太会受到意象本身的限制，比如六芒星内部可以选择单一颜色，也可进行分区分颜色绘制。比较统一的情况是，多数被试将六芒星外围的扇形区域涂制为单一的颜色，从而更加凸显了六芒星的主体位置。

被试20的作品是将六芒星的背景几乎全部涂制成黑色，留有少部分外围的光晕，这里黑色的使用更加凸显了六芒星本身的璀璨。而六芒星的涂制刚好也选用了多种颜色，被试的联想内容是"五彩斑斓又理性"，黑色在其中可能是理性的象征。最让人印象深刻的是被试绘后感受的一句话，"每个颜色都在本该待的位置，我不是创作它，只是再现它们"，这是自性自然彰显的过程，同时也是一种心流的体验，很多艺术家都有过类似的感叹，在艺术创作的沉浸时刻觉得是"上帝在握着我的手进行创作"。而艺术家口中的上帝，在心理学的意义上，正体现了创作者的自性。在被试20的新觉察中，也反映了被试的整合，"我的心海充满着浑浊、混沌、神秘、狂野、狂乱、尖锐，不过我这个系统自洽、统一、完整"，混沌、狂乱、尖锐与自洽、统一、完整是同时存在的，内在的混乱亦可形成秩序，不影响系统的自洽和统一。

表7-4　涂色篇六芒星结构代表性作品

绘制作品	作品命名	联想	绘后感受	新觉察	被试编号
	无用的秩序	规则、自我、冷峻、粉饰、无意义的宏大	对各种条条框框更加愤怒；想拿起里面的三角形划过皮肤	我不可能被磨平棱角	02
	地球	美少女战士、盾牌、白天/蓝天、黑夜、太阳、土地、森林	涂得不是很好，有一些描出边了	感觉中间深、外边颜色浅，颜色搭配有点突兀，但比较吸引我眼球	04

（续上表）

绘制作品	作品命名	联想	绘后感受	新觉察	被试编号
	魔法阵	魔法少女小樱	好困，想睡觉	不同颜色的混合会形成新的颜色，就像两个不同的人之间会产生化学反应	15
	再现	七芒星，支架稳定，五彩斑斓又理性，清澈的冰，安全的轮子，完美的系统，生机活力浪漫	圆满、安全、安定、突兀又和谐，每个颜色都在本该待的位置，我不是创作它，只是再现它们	我的心海充满着浑浊、混沌、神秘、狂野、狂乱、尖锐，不过我这个系统自洽、统一、完整	20
	乱	魔法	对称	我喜欢对称的事物	29
	星芒	《百变小樱》里的魔法阵	心情有所放松	在一笔一笔的涂色中压力逐渐减小，变得欢快起来。画的虽不像法阵，但会让我快乐起来	34

五、梅花纹绘制作品分析

这幅模板是由中间的梅花和外周的环形所构成的。虽然是花的形状，但在命名上被试仍是投射出了较个别化的内容，比如"向阳而生""多面""黑芝麻汤圆""花与环"和"遇见"。在联想上，仍然能够与梅花本身的意象象征相应和，会联想到诸如花朵绚丽多彩、花心缤纷的色彩、美好、期待、会徽等。在绘后感受上积极情绪、消极情绪、中性情绪并存，比如舒坦、平静、可惜等。在新觉察中，多是一些有关人生态度的积极觉察，比如：人应向阳而生，保有内心期望，独立和遇见都是一种美好等。

在颜色选择上，每幅作品都出现了粉色，这与我们对梅花的认知有关。每位被试使用的颜色都在四种以上，颜色的丰富性较高。另外一个关注点就是花中圆心的颜色，分别有玫红、黄色和黑色。在曼陀罗中，圆心是具有重要象征意义的，往往代表着个体的自性。红色、黄色又跟花心本身的颜色相契合，所以我们会特别关注被试 10 的作品，被试 10 将圆心涂成黑色，可能意味着能量的淤积而无法有效表达与流动。与其他几幅作品不同的是外围环形的涂色，其他 4 幅是将颜色涂在了环形的线条内，而被试 10 是涂在了环形之间的区域，且也使用了 1/5左右的黑色。颜色的涂抹也与绘后思考中的联想与觉察相呼应，联想到的是心绪，觉察到的是无处不在的规则和逻辑，有一种受限和压抑的感觉。被试 03 的作品的外围环形也是较深的灰色，花虽然是彩色的，但是掺有部分较淡的灰色，同时颜色部分也与联想及觉察相呼应，联想中提到"即使在糟糕的世界花心仍然有缤纷的色彩"，新觉察提到"生活很苦，但也保有内心期望的世界"，灰色更多体现了糟糕的世界及很苦的生活，而鲜花则体现了缤纷的色彩和内心期望的世界，两者同时出现，表明一些对立的事物是可以共存的。

表7-5　涂色篇梅花纹代表性作品

绘制作品	作品命名	联想	绘后感受	新觉察	被试编号
	向阳而生	花朵在阳光的照耀下绚丽多彩	舒坦	花朵如此美丽，人也该向阳而生	01
	多面	即使在糟糕的世界花心仍然有缤纷的色彩	平静、舒坦	生活很苦，但也保有内心期望的世界	03
	黑芝麻汤圆	心绪	假象	无处不在的规则和逻辑	10
	花与环	某种会徽？标志？	没有喜欢的颜色，好可惜	有些笔的颜色表里不一，看上去与画出来不同。有些色彩的碰撞赏心悦目，有些则不然	15

（续上表）

绘制作品	作品命名	联想	绘后感受	新觉察	被试编号
	遇见	美好、期待	色彩的碰撞，永远是不一样的感觉	独立是一种美好，遇见也是	22

六、其他纹样绘制作品分析

表7-6列出了其他纹样的一些代表性作品，包括螭纹、迷宫结构、云纹、菊花纹、如意纹、直线方形结构和太阳纹等。

被试02的模板是螭纹纹样，可能是由于模板较复杂，被试涂色时留白较多。同龙纹纹样具有相似的特点，螭纹也容易激活绘画者潜意识的内容，但相对龙纹来说，螭纹更容易激活更深层的潜意识内容。

被试09的模板外围是迷宫结构，中间是六芒星，内部是太阳或花朵形状。命名是"雾中花"，联想的内容是"被层层迷雾遮掩的细碎的明艳的花"，感受是"迷茫"以及"不知所以的对未来的期待"，新的觉察是"我站在白茫茫的雾里，尽管抬脚就是更深的黑暗，但心中追求的鲜花就在黑暗的最深处"。迷雾、迷茫与外围的迷宫结构是相呼应的，明艳的花、期待、心中追求的鲜花与作品中圆心的花是相呼应的。鲜花被六芒星的灰色、迷宫边缘的黄色和更外围的灰色所包围，虽然多是重重的黑色和灰色，但中间时而跳跃出的黄色在一定程度上缓解了这种压抑和迷雾，黄色可能代表着迷雾中探照前路的微弱的灯光或光线。这在被试09的觉察中也有很形象的体现，虽然是站在白茫茫的雾里，虽然抬脚就是更深的黑暗，但追求的鲜花就在黑暗的最深处。这种信念会帮助被试去对抗迷茫和黑暗。

被试12的模板是卷云纹纹样，其选择涂成彩色，使用的颜色多达14种，让其联想起所遇到的形形色色的人。但较靠近中间的云纹纹样是逐渐加深的黑色，这点与其觉察中的"真正能陪我走到最后的人肯定只有我自己"有一定的关联性，虽然会遇到形形色色的人（外围彩色），但内心有难以言说的孤独。

被试18的模板是菊花纹样，但是使用了色系较接近的黄色、绿色和蓝色，绿色几乎占了模板的 90%。作品的命名是"绿色盎然",绿色本身所象征的生机、希望也在被试"活跃""生动"的描述中有所体现。

被试 24 的直线方形结构模板和被试 32 的太阳纹样模板,除了具有较多直线结构之外,还具有较多的尖角。角部的描绘有利于表达内心的敌意与攻击,但内部的圆又对于情绪的稳定具有一定的保障作用,被试的描述中也表达了相应的内容,比如"需要一个圆来防止它们扰乱核心的平衡稳定""心情由浮躁变得平静"。而较多颜色的选择,也象征了被试心中丰富的情绪,但被试 32 较被试 24 的作品颜色分布更具有秩序性,这种秩序性的差异也反映了他们内在情绪状态的差异。

表 7-6　涂色篇其他纹样代表性作品

绘制作品	作品命名	联想	绘后感受	新觉察	被试编号
	万物生长	铜镜、幽深、干燥、生冷	总感觉是内心某块区域的写照	绘画让我可以更直观地看到我潜意识更深处的一些东西	02
	雾中花	被层层迷雾遮掩的细碎的明艳的花	感觉有点迷茫,又有份不知所以的对未来的期待	我站在白茫茫的雾里,尽管抬脚就是更深的黑暗,但心中追求的鲜花就在黑暗的最深处	09
	云过	想到以前遇到的各种各样的人,与他们所交往的点点滴滴仍历历在目	人是很复杂的,有很多个"样子",我永远只能看到他们想给我看到的一面,五味杂陈	我这一生会遇到很多形形色色的人,但真正能陪我走到最后的人肯定只有我自己	12

（续上表）

绘制作品	作品命名	联想	绘后感受	新觉察	被试编号
	绿色盎然	孔雀开屏	轻松，脑子空空的	图形感觉活跃起来，生动	18
	万花镜	小时候的长命锁	配色有点奇怪，让我有点梗	随性不一定能达到自己满意的状态	23
	百感交集	各种情感和情绪变成有形的图画，我需要一个圆来防止它们扰乱核心的平衡稳定	近期心绪紊乱、矛盾，想要平静、放松，但绘制完后仍未找到解决方法，烦恼	像图画的色彩和线条一样，也许多一点自我和解，少一点想法思绪，问题自然就会解决了	24
	梦里的太阳	温和的阳光	平静，感到一丝安宁	心情由浮躁变得平静	32

第二节　诗词绘制篇曼陀罗绘画作品分析

下文分别呈现了被试对七类诗词的选择及绘制情况，并遴选了部分代表性作品，从作品命名、颜色、意象、绘后感受、联想、新觉察等方面展开了分析和解读。

一、悲伤诗词绘制代表性作品分析

在两首代表悲伤情绪的诗词中，苏轼的"十年生死两茫茫，不思量，自难忘。千里孤坟，无处话凄凉"直击人内心的悲伤情绪和心境，被试 11 绘制的作品命名是《茫茫》，绘制的意象有应和诗词而画的即将掉完叶子的枯树，青灰色的远山，灰色的土地，整体有一种萧条、肃杀之感。虽然意境是灰色的，但当事人绘制完的感受是"放松"，所以悲伤情绪透过绘画的表达实现了转化。李煜的"剪不断，理还乱，是离愁。别是一般滋味在心头"是内心无言的哀伤，被试 13 的作品命名是《愁思》，联想到的内容是"无限的黑暗，看不到光明的未来"，绘制后的情绪是"难过、无所适从、无力"。整幅画面的颜色基本由灰色和黑色构成，与愁思、无力等情绪相呼应；在结构上，将整个圆做了八等分，同时在大圆内绘制了 3 个依次变小的同心圆，等分线的顶端又单独绘制了 8 个同样直径的小圆。以第二大的中间圆为锚点，内部涵容着由绘制的三角加同心圆所构成的旋转的风火轮意象，外部是由 8 个圆外三角结合中间圆所构成的近乎太阳纹样的意象。虽然曼陀罗内用不同的线段或颜色进行了不规则绘制，但整幅画又体现了对称、有序与稳定。

被试 11 在绘制作品时使用了具体的意象来表达对诗句的体悟，比如落叶中的枯树、青灰色远山、灰色的土地等。被试 13 则更多是用形状和线段来表达，比如圆形、正方形、三角形、扇形，直线、曲线、波浪线等，但在看似凌乱的形状、线段和涂色中，实现了对称和有序，将凌乱的愁思进行了锚定（见表 7-7）。

表7-7　悲伤情绪代表性作品

情绪	具体诗词	代表性作品	被试编号
悲伤	1. 十年生死两茫茫，不思量，自难忘。千里孤坟，无处话凄凉。		11
	2. 剪不断，理还乱，是离愁。别是一般滋味在心头。		13

二、愤怒诗词绘制代表性作品分析

　　如表7-8所示，被试19的曼陀罗作品，选择了关汉卿的"地也，你不分好歹何为地？天也，你错勘贤愚枉做天"，作品命名是《天崩地裂》，联想内容是"天上电闪雷鸣，地上岩浆喷发"，产生新的觉察是"结束就是新的开始，阳光与植物将会覆盖原来的千疮百孔，并进行自我恢复，循环往复，周而复始"。绘制时将曼陀罗划分为4个近等分区域，上半部与下半部又各自一体，象征天的上半圆绘有闪电和漩涡，象征地的下半圆绘有裂缝与岩浆，且组成上半圆的左右两个扇形和组成下半圆的左右两个扇形中的内容均是对称的。闪电、漩涡、裂缝、岩浆这些意象，充分彰显和表达了激烈的情绪。上半部更多使用了黑色和黄色，下半部更多使用了红色和黄色，黄色在整幅作品中占据重要位置，体现了内在蓬勃的能量。

被试 22 选择了朱淑真的"老天若不随人意，不会作天莫作天"进行绘制，作品命名是《生命的张力》，作品中绘制了一只浅绿色的蝴蝶，翅膀外缘绘成黑色，并有反复涂抹的痕迹，蝴蝶身体外围有一圈淡棕色的光芒，而其联想的内容是"残蝶亦可发光也"，说明被试可能有受伤或被禁锢的内在意象，但"发光""张力"这些用词，以及绿色的翅膀颜色和淡棕色的周边光芒，又表达了被试对内在所具备能量的觉察与信任。蝴蝶很美但比较弱小，暗示着内在的敏感和脆弱；同时，蝴蝶意象本身也象征着心灵的转化，它也有自我更新与重生的意义。

第一句诗词的情感强度比第二句要强烈，所呈现的代表性作品也反映了这种特点，被试 19 所绘制的内容对冲程度和情绪张力更强。第一幅作品中的黑色集中在上半圆中，黄色闪电意欲将黑色劈开的感觉；第二幅作品中的黑色是蝴蝶身体的外缘，有一种桎梏和限制感，但外围的淡棕色光芒缓解了这种桎梏和限制，凸显了"生命的张力"。

表 7-8　愤怒情绪代表性作品

情绪	具体诗词	代表性作品	被试编号
愤怒	1. 地也，你不分好歹何为地？天也，你错勘贤愚枉做天！		19
	2. 老天若不随人意，不会作天莫作天！		22

三、喜悦诗词绘制代表性作品分析

如表7-9所示，两幅喜悦诗词的绘制作品，直观来看就能感受到颜色的鲜艳、明亮和多彩。

被试35绘制了孟郊的"昔日龌龊不足夸，今朝放荡思无涯。春风得意马蹄疾，一日看尽长安花"，作品命名是《央》，联想内容是"星宿、龙球、太阳"，绘制完的感受是"平和"。整个图形主要由形状构成，包括圆形、六边形、六芒星等。在颜色使用上，包括玫红、黄色、绿色、淡粉色等，且多是暖色调。有意思的一个地方是，在六芒星的六个角处，均绘制了同等大小的小圆，用于包裹尖锐的角，这种处理在一定程度上淡化和缓和了尖锐的角所彰显的敌意与攻击。中心圆的玫红色与六芒星内部等边六边形区域的绿色，二者互为补色，虽然有中间的黄色予以过渡，但红绿两色的分布可能象征了内在具有紧张对立的关系，这种冲突需要整合和处理。六芒星外围大片的黄色，与其所联想的太阳意象相呼应，象征着温暖和能量，黄色同时也对应着意识，意味着思维、意志和追求。但六芒星六个角的淡粉色区域又略显虚弱，内在所积聚的能量和追求如何能够施展和实现，从而让自性的动力顺畅发挥，是需要关注的议题。

被试21绘制了杜甫的"却看妻子愁何在，漫卷诗书喜欲狂。白日放歌须纵酒，青春作伴好还乡"，并将其命名为《心花》，联想内容是"花园、梦想"，绘制完的感受是"很爽、释然、得意"，产生的新觉察是"层层展开、窥见真理"。这幅作品使用了8种颜色，且多是暖色调。中间的两层到五层，形成了多种形态的花的意象。最中心的部位有点接近莲花的意象，在其前面的涂色作品中，也选择了莲花模板，最外围又绘制了黄色的星星。整体确实是层层铺展，结构对称、有序。由于觉察的内容是"层层展开、窥见真理"，在咨询的会谈互动中，咨询师可聚焦于此，探询其所写的"窥见真理"的具体含义、与现实的联系、于个人的启发等。

表7-9　喜悦情绪代表性作品

情绪	具体诗词	代表性作品	被试编号
喜悦	1. 昔日龌龊不足夸，今朝放荡思无涯。春风得意马蹄疾，一日看尽长安花。		35
	2. 却看妻子愁何在，漫卷诗书喜欲狂。白日放歌须纵酒，青春作伴好还乡。		21

四、平静诗词绘制代表性作品分析

在两首平静诗词中，11 位被试选择了对第一首陶渊明的诗进行绘制，但没有被试选择第二首王维的诗进行绘制，这可能跟被试对所选诗词的熟悉度有关。

被试 35 的作品命名是《夕山》（见表 7-10），有诗中所传达的"夕阳落山"之意。产生的联想是"日薄西山、隐世、退休"，绘制完的感受是"平和、平淡、不满意"。绘制的作品将圆大概分为上下两个区域，上面的区域是彩霞、飞鸟、落日，下面的区域是远山、人、菊花、花田。粉红的落日将天空映照出彩霞，天空中黑色的小鸟向左边飞返，站立的人看向夕阳，背后是一片花田和黄色菊花。整体的意境确实如诗所传达的情绪及绘画者所表达的感受，是平和、平静的。但近乎一半的夕阳所映照的天空的绘制，突出了"夕阳西下"的暮气之感，这同被试的联想内容"隐世、退休"也是一致的。绘画作品中的山多是象征目标、挑战，从被试绘制的曼陀罗来看，可能在其内心存在多个目标或面临多个挑战，且人与山之间除了山的轮廓部位的阴影，其他区域都是空白的，可能反映了被试对前进目标的不清晰与迷茫，在现实的咨询工作中，可以就此展开针对性的探询。另外，曼陀罗中的人是整体被涂成黑色的，人物的整体涂黑可能同个体的情结和阴影有关，且没有绘制人物腿部的相关内容，也可能反映出个体在行动力和执行力上存在着不足或挑战。但整幅画中，也存在疗愈性的因素，比如，虽是夕阳，但太阳整体仍是粉红色的，并向外散发着无尽的光芒，蕴含温暖和力量；虽是傍晚，但彩霞满天，天空是绚烂的色彩，天空的颜色会投射出个体的情绪，所以绚烂的彩霞在一定程度上可以平衡日薄西山的暮气。人物身后的菊花和花田代表了现实成就和依靠，意蕴着其背后具有一定的内在资源和可依靠的事物。

所以，针对被试的曼陀罗绘画作品所反映出的内容，既可以关注日薄西山、夕阳西下所传达出的暮气和衰败，归隐、退休所传达出的避开尘世喧嚣，留白的连绵群山所象征的迷茫和不清晰，涂黑及没有腿部的人物的踟蹰或恐惧；又可以关注粉红的落日、漫天的彩霞所蕴含的能量，以及背后满地的黄花和花田所象征的资源和成就。积极、消极在画面中出现了很好的平衡，被试可能既面临着困惑、迷茫和忧虑，同时也具备着应对这些问题的内在能量和资源。

表 7 - 10　平静情绪代表性作品

情绪	具体诗词	代表性作品	被试编号
平静	1. 结庐在人境，而无车马喧。问君何能尔？心远地自偏。采菊东篱下，悠然见南山。山气日夕佳，飞鸟相与还。此中有真意，欲辨已忘言。		35
	2. 漠漠水田飞白鹭，阴阴夏木啭黄鹂。山中习静观朝槿，松下清斋折露葵。	无	

五、亢奋诗词绘制代表性作品分析

如表 7 – 11 所示，对于亢奋情绪的诗词，被试选择的是苏轼和辛弃疾的诗词。

被试25 绘制了苏轼的诗，并将作品命名为《突围》，联想内容是"冲破障碍的利剑、时钟"；绘制后的感受是"希望能够在困境中化迷茫无措为利剑、不畏前方，勇于突破"，产生的新觉察是"本来想画的是一把弓，画完之后发现也很像是一个时钟，或许有些事情不如预料的那样发展，但可能结局有不一样的发现和收获"。作品中是一把拉满的弓，一支即将射出的箭，弓箭占曼陀罗的一半多区域，周围配有三角形、圆形组成的近似棱形的装饰，弓上也专门绘制了对立的三角和波浪纹进行装饰，且表达了冲破障碍、勇于突破的感受。绘制后的新觉察也很有启发性，传达出一种即使事情不如预料也有意外之喜的感慨。

被试16 绘制的是辛弃疾的诗，作品命名为《戈》；联想的内容、绘制的感受和产生的新觉察均是对作品上色和绘制结果的不满。从作品的绘制内容来看，画了交叉于圆心的三种类型的剑，在交叠形成的扇形区域分别绘制了橘色的短刀、黄色的落叶和青绿色的铜灯。多种形态的剑和短刀，象征了勇气和力量，可以用于对抗敌人、抵御威胁，从而起到保护的作用。且其具有锐利的切割缘，有劈开和断除之意，并具有分开的象征意义，进而具有提升意识并驯化无意识的功能。但从作品反思中的不满以及三支交叉的剑来看，这种对抗、抵御、劈开等相关的能量可能是受限的，暂时未能让其所携带的威力顺畅地表达和发挥。在具体咨询中，可进一步关注是什么禁锢了这种能量，帮助其完成情绪疏泄和顺畅流动。我们可以看出，弓、剑、刀是反映亢奋和突破的典型意象，拉满的弓、锋利的剑刃是能量发挥的载体，确实可以抵御威胁并展示对抗的力量。

表 7 - 11　亢奋情绪代表性作品

情绪	具体诗词	代表性作品	被试编号
亢奋	1. 酒酣胸胆尚开张。鬓微霜，又何妨！持节云中，何日遣冯唐？会挽雕弓如满月，西北望，射天狼。		25
	2. 醉里挑灯看剑，梦回吹角连营。八百里分麾下炙，五十弦翻塞外声，沙场秋点兵。		16

六、豁达诗词绘制代表性作品分析

如表 7 - 12 所示，被试 26 绘制的是苏轼的"竹杖芒鞋轻胜马，谁怕？一蓑烟雨任平生。……回首向来萧瑟处，归去，也无风雨也无晴"，作品命名是《超脱》，联想的内容是"一个脱离的图形"，绘后的感受是愉悦，产生的新觉察是"有些事如果太在意就会如影随形，使你烦乱；有些事如果能看淡，就如过眼云烟，获得宁静"。整幅作品是一幅太极图，阴鱼的鱼头、鱼身，阳鱼的鱼眼绘制了紧密的黑色旋转线条，整幅图具有对称的美感。中国宇宙模式的抽象表达就是《易经》中的太极图，它包含了中国美的模式的基础，也是自性最为重要的象征，是汉族文化的重要代表，同时具有宗教的神圣性。绘制的意象、作品的命名与新的觉察，三者相互呼应，体现了豁达、超脱的心境。

被试 03 绘制的是王维的"行到水穷处，坐看云起时。偶然值林叟，谈笑无还期"，作品命名为《时刻》，联想的内容是"带有时钟的花，按照花期走完一生"，绘制后的感受是"心情舒畅"。曼陀罗大圆内绘制了三个大小不一的同心圆，三个同心圆的圆内一分为四，整体形成一幅花的图案，结合外部大圆，被试将其知觉为"时钟"的意象。联想到的"按照花期走完一生"与诗句中所传达的闲适怡乐、随遇而安、超然物外相呼应，花开花落自有时，一切依归自然。带有时钟的花按照花期走完一生，即可以按照自身的机理生活、运转，自动自发，让自性可以自如流动。

豁达是一种放下和解脱，太极和时钟的意象，都蕴含了自然的机理，太极是黑中有白，白中有黑的，矛盾、两极的事物是可以共存并相互转化的；时钟也具有生命轮转、循环往复之意。

表 7 - 12　豁达情绪代表性作品

情绪	具体诗词	代表性作品	被试编号
豁达	1. 竹杖芒鞋轻胜马，谁怕？一蓑烟雨任平生。……回首向来萧瑟处，归去，也无风雨也无晴。		26
	2. 行到水穷处，坐看云起时。偶然值林叟，谈笑无还期。		03

七、开悟诗词绘制代表性作品分析

如表7-13所示，被试24绘制了石屋禅师的山居诗"过去事已过去了，未来不必预思量。只今只道只今句，梅子熟时栀子香"，作品命名为《定心》，联想到"禅坐"，绘制完的感受是"恬淡自然"，产生的新觉察是"活在当下，珍惜当下，坦然过好每一天，不以物喜，不以己悲"。所绘制的作品也十分具有宗教色彩，曼陀罗的中心是一尊坐佛，身下是莲花台，身后是佛光。佛的外围绘制了外圆及方的城堡，再外围也绘制了四个结构对称的莲花意象。石屋禅师的山居诗具有禅意，被试对作品的命名、联想、感受、觉察，以及所绘制的作品本身均彰显了浓浓的禅意。同时，所绘制的作品十分接近西藏藏传佛教的唐卡或坛城，让人心生神圣之感。

被试23绘制了布袋和尚的诗"手把青秧插满田，低头便见水中天。心地清净方为道，退步原来是向前"，作品命名为《稻香》，联想到的内容是"小时候和外婆一起去插秧，结果不小心整个人掉进泥地里"，绘后的感受是"开心、满意、轻松、快乐"，产生的新的觉察是"困住你的只有你自己，每一株稻后面都有束缚它的黑网，但它们依旧好好生长"。作品中黄色的稻子围绕圆心，将圆分为八等分，每等分的外围是"束缚住"稻子的黑网，最外围是圈起来的圆形的田埂，田埂外装饰有四个角度对称的紫色田垄。被试在觉察中亦悟到"困住你的只有你自己，束缚住你的事物并不影响你好好生长"。

开悟多意味着"放下"或"不执着"，绘画者的内在不会把自己等同于任何处境，不会对任何事执着，也不会被束缚，不只对处境如此，自身的自我功能也能自由灵活使用。

表7-13　开悟情绪代表性作品

情绪	具体诗词	代表性作品	被试编号
开悟	1. 过去事已过去了，未来不必预思量。只今只道只今句，梅子熟时栀子香。		24

（续上表）

情绪	具体诗词	代表性作品	被试编号
开悟	2. 手把青秧插满田，低头便见水中天。心地清净方为道，退步原来是向前。		23

第三节　主题绘制篇曼陀罗绘画作品分析

在本节中，本团队选择了被试绘制较多的主题的作品进行分析和展示，比如护身符、敌意与攻击、性格矛盾面、无助无力、执着于实现目标、家人关系等，同时也将一定比例的代表性作品放入其他主题中予以介绍。

一、护身符主题的代表性作品分析

护身符主题邀请被试"为自己设计一个护身符"，意图是增强被试的内在安全感。从表 7 – 14 中的作品来看，有 3 幅作品在护身符内绘有"平安"二字，有 2 幅作品在中心绘制了太极图。"平安"二字是直接的意识层面的表达，太极图、八卦图、宝剑等透过意象表达了保护的意义。

表 7 - 14　护身符主题的代表性作品

主题描述	代表性作品	被试编号
请为自己设计一个"护身符"，并绘制在曼陀罗中让它能够保护你		06（左）、08（右）
		10（左）、21（右）
		24（左）、35（右）

二、敌意与攻击主题的代表性作品分析

敌意与攻击主题邀请被试"在曼陀罗中绘制出你的敌意与攻击"。在中医的情志相胜理论中，怒可胜思。抑郁个体容易将愤怒指向自身，从而造成情绪的郁结，愤怒的表达可以主疏泄、可宣散气结，从而克制过度思虑。

从表7-15所选的4幅代表性作品来看，所有被试都仅用黑色笔进行了绘制。被试09的作品命名为《击碎》，也觉察到了自身所隐藏的破坏欲。作品中碎裂的纹路和击碎的窟窿，体现了破坏欲的威力。被试11的作品命名为《抵抗》，在圆内重复涂了近五分之一面积的黑色线条，生成的觉察是"我无力攻击世界"。被试12的作品命名是《恶》，联想到的是与妈妈吵架的记忆。圆内所绘制圆外周的9个较尖锐的角，较直观地表达了这种敌意。被试15的作品命名是《双尖》，联想内容是"佛、禅、六芒星"，产生的新觉察是生活是"鲜花与荆棘并存"。作品的联想与绘制内容是相呼应的，绘制的作品整体上也具有宗教的神圣感。

有关敌意与攻击的表达，有破裂、有重复涂抹的黑线、有尖角，但也有用于包住角的圆、椭圆，进而形成类似莲花的意象。尤其是被试12、被试15的作品，在表达敌意与攻击中也在进行转化。被试15的表达最直接，"生活从来都是泥沙俱下，鲜花与荆棘并存，有花也有尖角"，尖角的存在并不影响花的存在。

表7-15　敌意与攻击主题的代表性作品

主题描述	代表性作品	被试编号
请在曼陀罗中绘制出你的敌意与攻击		09（左）、11（右）

（续上表）

主题描述	代表性作品	被试编号
请在曼陀罗中绘制出你的敌意与攻击		12（左）、15（右）

三、性格矛盾面主题的代表性作品分析

在这个主题中，邀请被试"用色彩或意象绘制出你性格中的矛盾面"。从表7-16的代表性作品中可看出，很多被试更多选择用色彩来进行表达，比如不同色彩的色块、不同颜色的线段等，只有被试28是结合颜色和意象来表达的。在命名上也很有意思，依次为：《多种矛盾》《红与黑》《内心》《多面的我》《我与他人》和《矛盾》，多突出了多面、对立、矛盾与冲突。

在这个主题中，被试可以通过色彩和意象，直观地将个体所存在的差异以及不同的面外化出来，最妙的是，这些差异与不同，在圆的内部共同呈现，可以共存。人既有黑的一面，又有红的一面；既有好的一面，也有坏的一面；既有阳光的一面，也有阴郁的一面。当这种共存透过曼陀罗将矛盾的部分整合为一体时，绘画者亦可接受由不同部分所组成的多彩、真实的自我。

表7-16　性格矛盾面主题的代表性作品

主题描述	代表性作品	被试编号
在曼陀罗中，请用色彩或意象绘制出你性格中的矛盾面		03（左）、09（右）
		13（左）、17（右）
		28（左）、34（右）

四、无助无力主题的代表性作品分析

无助无力主题邀请被试"将曾体验过的无助与无力绘制在曼陀罗中"。无助无力是抑郁个体常常出现的体验与感受，借由绘画，可以将其具象化。

如表7-17所示，被试03的作品命名是《云端》，联想的内容也是"尽力爬上无法触及的云端"，"无法触及的云端"描述了所设定的目标远远超出了自己当下的胜任力，凌乱的线条也展现了绘画者内心的焦躁。但当这种无助无力外化出来之后，绘制后的感受是"平静"，情绪有所转化。被试14的作品给人的感受更加压迫，大大的蜷曲的手掌内绘制了很多小小的眼睛、嘴巴、小猫和小人儿，手掌外围是手臂、刀、铲。联想的内容是"无法反抗，救不了想救的生命"，作品中弥漫着绝望和压迫之感。被试19的作品命名是《深海困鲸》，新觉察是"鲸有翅膀，不能飞，只能在海里"。作品中是一只长有翅膀的鲸坠落在深海之中。也许它内在的渴望是飞翔，但深海深深"困"住了它。为什么一只鲸的渴望是飞翔？深海到底象征了什么？跟现实有何联系？在具体的咨询面谈工作中，这些问题是可以去探询的。被试27的作品命名是《孤》，联想的内容是"影子才是一直陪伴我们的朋友"。作品中也是画有两个小人，一个主人，一个影子，两个人正在握手。其中影子是被完全涂黑的，且两个人都是稍微低着头。表达出一种对外界封闭的态度，表征其可能对如何与他人建立情感上的链接是无力的。

从这几幅作品来看，被试在表达无力无助时，基本使用了较多比例的黑色来外化情绪。

表7-17　无助无力主题的代表性作品

主题描述	代表性作品	被试编号
在曼陀罗中，将曾体验过的无助与无力绘制出来		03（左）、14（右）

（续上表）

主题描述	代表性作品	被试编号
在曼陀罗中，将曾体验过的无助与无力绘制出来		19（左）、27（右）

五、执着于实现目标主题的代表性作品分析

对于某些无法达成的目标，若过于执着，会使个体产生深深的悲伤和绝望，从而陷入抑郁。所以，在执着于实现目标主题中，邀请被试"在曼陀罗中绘制出内心曾执着于去实现的一个目标"，帮助被试觉察执着与坚持的意义，清楚内心的渴望与期待，并对未实现的目标产生新的判断与理解。

如表7－18所示，被试22的作品命名是《想·念》，整幅作品多使用蓝色，并专门指出蓝色意味着"勇力、冷静和永不言弃"。被试26的作品直接命名为《目标》，作品中间的圆像是一朵莲花，外围四个扇环形将整个大的环形做了四等分，分别涂上橙色、蓝色、紫色和绿色。绘制后的新觉察是"不要太过于执着，有时随心所欲反而能顺顺利利"，这是一种"去执"的领悟，会增加个体的心理灵活性。被试31的作品命名是《高中 dream——数统》，所执着的目标是"考上某所院校的数学系"，绘制后的感受是"努力过就不遗憾，释怀过去，接受现在的专业"，新觉察是"好好享受当下"。

被试35作品的命名是《欲望》，作品中浓烈且多样的色彩，传达了欲望的丰满性。绘后的新觉察是"世俗的欲望也是目标的一半，世俗的成功可以免去很多不必要的麻烦"，所以这些欲望更多是跟世俗意义上的成功有关，可以为当事人带来安全感。被试22和被试35有相近之处，执着的目标在当下仍然被看重，而且清楚目标对自己的意义。被试26和被试31又比较相近，都是在对未实现的目标进行意象化表达后，让自己放下并接受当下。也许，坚持那些可以坚持的，放弃那些无须坚持的，本身既是一种智慧，也是一种勇气。

表 7 - 18　执着于实现目标主题的代表性作品

主题描述	代表性作品	被试编号
在曼陀罗中绘制出内心曾执着于去实现的一个目标		22（左）、26（右）
		31（左）、35（右）

六、家人关系主题的代表性作品分析

有关家庭关系主题，邀请被试在曼陀罗中绘制出心中有关家人及家人之间关系的图像，帮助其呈现内心的家庭关系图式。

如表 7 - 19 所示，被试 02 的作品命名是《不要》，绘制完的感受是"难过"，新觉察是"再活一次"。作品中的匕首可能象征着伤害，而"再活一次"意味着对当下家庭关系的深深否定。被试 16 的作品命名是《姐妹》，联想内容是"一家人处于不同的温度层"，绘制完的感受是一个字"唉"，新觉察是"无所谓"。作品中绘制了包含被试在内的 6 个家人，分别由不同的象征物予以代表。画中指向粉色蝴蝶结（妹妹）的几乎都是黄色的箭头，而指向垃圾袋（被试自己）的多是蓝色、灰色、灰蓝相间、蓝黄相间、灰蓝黄相间的箭头，这些不同颜色的箭头清晰直观地表达了在当事人心中每个家人对自己与对妹妹之间的差异。实验结束后的访谈中当事人也是哭着讲述的。被试 21 和被试 25 的作品命名分别是《好》和《同心圆》，产生的新觉察也比较接近，分别是"矛盾是事物发展的根本动力。家家有本难念的经"和"虽然我们一家人之间有很多不开心的经历，现在家庭境况也不怎么好，但我希望每个人都能乐观面对，不要有太大压力，家人同心，其利断金"。被试 02 和被试 16 的家庭关系是满含痛苦的，有对家庭关系的否定，也有对家庭关系的无力感和不满；被试 21 和被试 25 的家庭关系是苦乐相伴的，矛盾也是动力，同心可迎挑战。

表 7-19　家人关系主题的代表性作品

主题描述	代表性作品	被试编号
请根据你内心有关家人及家人之间关系的图像，将他们/她们在曼陀罗中绘制出来		02（左）、16（右）
		21（左）、25（右）

七、其他主题的代表性作品分析

有关其他主题的代表性作品，本团队也进行了遴选和呈现，分别是"记忆深刻梦"主题和"他人期待/自己期待"主题。

最近记忆深刻的梦，往往携带着当事人内心无意识的信息或冲突性的内容。如表 7-20 所示，被试 14 的作品冲击力很强，作品命名是《头》，联想的内容是"女鬼，怨恨，蒙冤而化成厉鬼的女人，无辜的人，无能为力"，绘制完的感受是"害怕、烦躁、慌张"。女鬼、厉鬼这些意象，以及害怕、慌张的感受，还有作品中的着色，这些可能代表绘画者有未解决的创伤。被试 24 绘制的作品命名为《"套"梦空间》，讲述的是一个"梦中梦中梦中梦"，很神奇的一个梦，三个梦中的情景都有闹钟及醒来的人，但当事人说"第三次醒来才真正醒来，没有睡过头也没有迟到"。而当事人的感受也是"神奇、惊喜和放松"。

他人的期待/自己的期待的绘制主题，意图是帮助绘画者将他人对自己的期待和自己对自己的期待进行具象化和意识化，觉察对立、冲突的内容以及相关联的地方。被试 04 的作品分成上下两个区域，且有相互呼应之处。绘制后的感受是"突然觉得他人的期待也并非全是压力，多了了勇气和乐观"。被试 13 的作品分成内外两个区域，外界的期待是学业、金钱，而内在有自己珍视的梦想，梦想是彩色的，外界期待是黑白的，梦想被外界期待重重包围着。绘制完的感受是"怎么想都没有出头之日"，新觉察是"只有这样才能活下去"，有浓烈的无力感和被压迫感。但彩色的梦想是可以重点探索和展开的部分。

表 7-20　其他主题的代表性作品

主题描述	代表性作品	被试编号
请在曼陀罗中绘制出你最近记忆深刻的一个梦		14（左）、24（右）

（续上表）

主题描述	代表性作品	被试编号
请在曼陀罗中同时绘制出外界他人对你的期待和你对自己的期待		04（左）、13（右）

第四节　手绘篇曼陀罗绘画作品分析

关于手绘曼陀罗的绘制，绘本中放有指导性的视频，让被试进行学习和了解。指导视频中所绘制的手绘曼陀罗，基本是典型的多层圆环结构，在每一环中再绘制重复、对称性的线条和图形等。多数被试所绘制的曼陀罗是具有上述特征的手绘曼陀罗，但也有少数被试并未遵循指导视频进行典型手绘曼陀罗的绘制，出现没有圆环、突破多层圆环、直接绘制意象等情形。

一、典型手绘曼陀罗代表性作品分析

典型的手绘曼陀罗是依一个圆心绘制不同直径的同心圆，然后从内圈到外圈，用针管笔将颜色、形状或图案填入圆圈，一圈一圈绘制曼陀罗的图案。图案可依绘画者的喜爱自由发挥，只要保证每一圈中的图案相同，大小一致，成对称关系即可。

表 7-21 中的前 6 幅作品是只使用针管笔绘制图案的曼陀罗，后 3 幅在绘制图案后还进行了涂色。这些代表性作品中，有些完成后，很接近涂色篇的曼陀罗模板，比如被试 05、被试 12、被试 26 的作品，留空较多，而留空的部位可根据绘画者的喜好，选择是否进行涂色。有些作品，被试将曼陀罗图案中的背景一并用针管笔绘制了黑色，比如被试 17、被试 31 的作品。有些是用针管笔等绘制了图案的内部，比如被试 24 的作品。后 3 幅涂色后的手绘曼陀罗，十分接近涂色篇的曼陀罗作品。无论是否对手绘的曼陀罗进行涂色，手绘曼陀罗的过程本身都

增加了绘画者自我创造并生成曼陀罗结构的成就感。

表 7 – 21 典型手绘曼陀罗代表性作品

代表性作品			被试编号
			05（左）、12（中）、17（右）
			24（左）、26（中）、31（右）
			02（左）、15（左）、24（右）

二、其他特点手绘曼陀罗代表性作品分析

虽然有手绘曼陀罗的指导语和指导视频，但有些被试仍然更多发挥了自身的理解和创造性，而形成了一些比较有个性的作品，这些作品跟经典手绘曼陀罗作品不同的是，多形成了具体的意象。

被试 02 的作品呈现的是太极的意象，命名为《慌乱的整洁》（见表 7 – 22），慌乱和整洁可共存在曼陀罗中，这是其先绘制的手绘曼陀罗，其后绘制的第二幅

是表 7-21 中的涂色手绘曼陀罗作品,最后的觉察是"越来越知道自己到底向往什么"。被试 04 手绘的是一个太阳笑脸的意象,笑脸上还绘有象征春夏秋冬的 4 种事物,这个意象应和了绘画者的心情。被试 13 的作品主要突出了蝴蝶的意象,好像是放在盘子上,左右有刀叉,而产生的联想也是"美丽的被觊觎之人端上餐桌,死于美丽",绘制后的新觉察是"有时候展现自己会引来祸端",进而提醒自己要韬光养晦。第 4 幅和第 5 幅都是被试 14 的作品,这两幅作品的意象主要聚焦于手绘曼陀罗的中心部位,前者是神兽,后者是眼睛。第 4 幅中抓人眼球的是神兽的外围是熊熊的火焰和 4 个符咒,最外围的貌似是海浪、宇宙树、烈焰和仙鹤。第 5 幅中布满黑色丝线的眼睛在曼陀罗的正中央,外围是多区域多形状划分后的各式黑色线条,时不时在某些部位还画有稍小一些的眼睛。绘画者的联想是混乱、被监视和漩涡。被试 26 的作品直观来看并没有特别明确的意象,在绘画者眼中所形成的意象是"一个被缠绕的星星",作品的命名也是《缠绕的星星》。绘制后的新觉察是"不要太纠结,顺从自己的内心",有趣的是,虽是"缠绕"的意象,但"缠绕"的线条是朝同一个方向且是有序的,最终的认识是"不要太纠结,顺从内心"。缠绕本身并不会带来混乱,无序中生成有序。

表 7-22　其他特点手绘曼陀罗代表性作品

代表性作品			被试编号
			02(左)、04(中)、13(右)
			14(左)、14(中)、26(右)

第五节　典型个案系列作品分析

在前四节中，所分析的系列绘画作品是按照篇章进行的，方便读者了解各个篇章干预被试的模板选择、绘画作品的绘制特点和内在心理状态。在本节中，本团队特别选择了干预实验研究中一男一女两个典型案例的 8 幅绘画作品进行分析和解读。这些作品既能够反映个体心理前后变化的情况，又能够反映出个体内心的状态以及困扰个体的主要议题。

一、被试 23 的曼陀罗绘画作品分析

被试 23 的系列作品具有一定的典型性。她是一个大三的女生，20 岁，有绘画经验而无曼陀罗绘画经验。SDS 前测分是 65 分，后测分是 55 分，追踪测是 60 分。在访谈中自述最喜欢绘本中的涂色部分，因为已经有固定的图案，自己不用再去想画什么图案，想用什么颜色就用什么颜色。画诗词篇和主题篇会感受到一点点压力。最有启发和收获的是手绘篇，内心想什么就直接画，想到什么就画什么，对自己进行创作比较有感触。表 7 – 23 中呈现了 4 个篇章的 8 幅作品。

表 7 – 23　被试 23 的曼陀罗绘画作品

涂色篇第一幅选择了龙纹纹样的模板，被试选择它的原因是觉得它是所有模板中最特别的一个，它是有图案的，而其他都是圆圈或方方块块的，只有这个不一样，所以感兴趣。第二幅选择了如意纹样的模板，原因是外围的图案让被试联想到了长命锁，对它的感应比较强。第一幅涂色作品命名为《幻》，绘制完的感受是"惊喜"，绘制后的新觉察是"刚开始想给龙涂上红色和黄色，但没选，涂完之后发现也可以，我意识到不一定要墨守成规，有时突破也有新惊喜"。第二幅涂色篇的作品命名为《万花镜》，绘制完的感受是"配色有点奇怪，让我有点梗"，新觉察是"随性不一定能达到自己满意的状态"。从这两幅的作品描述中可看出，绘画者前后有些矛盾，第一幅感受到了不一定墨守成规、突破的惊喜，而第二幅就转到了对随性的质疑——"不一定能达到自己满意的状态"。说明对随性、跳出常规、突破的矛盾态度，既想随性一些，不囿于常规，又担心结果不能如自己所期。

诗词绘制篇选择了李煜的"剪不断，理还乱，是离愁。别是一般滋味在心头"和布袋和尚的"手把青秧插满田，低头便见水中天。心地清净方为道，退步原来是向前"，一首悲伤诗词，一首开悟诗词。诗句选择的过程是被试先把所有的诗句都看了一遍，看的时候把自己整个人带入，哪一句让自己有幻想、有想法，能画出画面，就选择哪一句。同时也考虑了跟自己当下情绪的贴合。第一幅诗词篇的作品命名为《希望》，绘制完的感受是"有点心烦，线条总是对不齐，太乱"，绘制后的新觉察是"人生不止一条路，也许当下你选择的这条路会让你感到后悔，但应该结果都会到达想要到达的地方吧"。第二幅作品命名为《稻香》，绘制完的感受是"好开心呀，超出预期了，好满意，越画越快乐、轻松"，新觉察是"困住你的只有你自己，每一株稻后面都有束缚它的黑网，但它们依旧好好生长"。在这两幅中，又出现了感受的反转，第一幅仍是纠结于作品是否能达到自己的预期，对作品不满，但第二幅就是转换成完全的积极情绪。虽然第一幅的感受是负性感受，但觉察中的内容表达了无论如何都可达到自己想到的地方的信心。第二幅的觉察也很有意思，绘画者可以更整合地看待束缚的影响，淡化了它对个体的负向意义。所以，在这部分的绘制中，感受借由诗词绘制得到了表达和转化，同时在觉察上也有了更多的积极赋义，比如：虽然对当下选择的路后悔，但最终也会到达想到的地方；束缚的存在并不一定会影响个体的成长，真正困住你的只有你自己。

主题绘制篇中被试选择了进退两难和护身符两个主题。之所以选择进退两难主题，同当时有进退两难的情绪和事件有关，一是舍友会早退、不去上课，如果只有自己一个人去上课而舍友在寝室，会有被抛弃、不安全的感受；二是同是学生会成员的朋友会摆烂，自己既有不理解，又会犹豫、纠结要不要像朋友那样。

这种矛盾、犹豫、纠结也在绘画作品中直观地得以体现。比如，作品分为左右两个区域，上面是一个时钟，中间是一个大大的涂成红色的问号，左边是宿舍中沉睡的舍友，右边是上课的教师，自己踌躇在中线左右。绘后思考中绘画者提到"用绘画呈现纠结好像没有内心斗争那么难受，有点缓解"，但自己也知道容易再陷入这样的烦恼之中。之所以选择护身符主题，是希望自己在突破规矩感到害怕时，能够被保护。这幅护身符的作品被命名为《突破》，绘制完的联想和感受是"像蝴蝶一样去飞吧，设计理念整体是方块和圆组成，但换个角度能看出是蝴蝶，在被条条框框约束的背后，你其实已经在飞了"。绘制之前，她感受更多的是条条框框的约束，但借由绘画外化出这些规矩之后，她感受到了"条条框框束缚下的飞舞"，这是新增加的体验和感受。在她书写的新觉察中，也谈到"我们每个人都被条条框框约束着，有时候可能会不理解，但其实每个条条框框都互相联系，现阶段的条框可能不会对未来有太大影响，但在现阶段是有意义的、有感悟的"。这些新觉察与开悟诗词篇的觉察一致，都是在强调条条框框本身的影响也许没有自己所想象的大，内在原有的受限感和恐惧感有所减轻。

被试表示手绘篇的绘制更能够让她沉下心来去想、去画。第一幅选择用黑白的颜色，在画的时候什么都没有想，先画圆，然后用铅笔描稿，再用黑笔勾边，一点点涂完，画完之后感觉挺平静的，唯一感到不安、难受的地方，就是有一块地方勾出边了，但整体还是挺平静的。抑郁的个体多会具有完美主义的特点，会较多关注那些未做好的方面从而产生不满和自责，此绘画者也具有这方面的特点，但绘制后更突出的感受是平静，在一定程度上平衡和消解了那种自责与不满。在绘制第二幅时，被试内心有一种强大的力量仿佛要冲破什么。但这种想要突破的感受会在画完之后减弱，有点重新缩回壳里的感觉。在颜色的配色上也是有意使用了渐变色，希望自己可以慢慢来。

虽然是 8 幅不同形式、不同主题的绘画，但在绘画的内容及绘制感受等方面，可看到绘画者存在着有关遵守规矩还是突破规矩的冲突与压力。既想突破，因为突破常规也能带来一些惊喜，但又害怕突破，担心后果不如自己预期或者担心自己跟他人不一致而导致的潜在风险。但在几幅绘画中，又觉察到了也许规矩、规条、条条框框、约束本身没有那么大的影响力，即使有这些规条约束存在，也不影响秧苗的好好成长，也不影响蝴蝶飞舞。这些觉察可能给其突破规条带来更多的信心，或者尝试与规条共处，将限制转化为背后的保护。另外，绘画者也有两次明确提到对作品配色或勾边的不满，这些可能就是影响她的一些内在规条，对自身具有较高的要求和评价标准，这些标准的松动也可帮助其缓解抑郁情绪。

二、被试 33 的曼陀罗绘画作品分析

被试 33 是一个大三的男生，20 岁，SDS 前测分是 65 分，后测分是 53.75 分，追踪测是 57.5 分。未接受过美术类的培训。对曼陀罗的喜爱程度是 9（11 级评分），实验后仍会继续使用曼陀罗绘本。在访谈中自述最喜欢绘本中的诗词绘制部分，因为自身比较喜欢中华文化的底蕴，自己容易跟诗人的感情产生共鸣，且共鸣发生的时候容易帮自己沉浸其中，感受到沉静。最有启发和收获的也是诗词绘制篇，因为可以通过诗词了解诗人的一些人生经历、情感，了解诗人哪些阶段写的哪些诗词，借由诗人的人生发展历程来预见自己未来的发展历程。表 7-24 中呈现了被试 4 个篇章的 8 幅作品。

表 7-24 被试 33 的曼陀罗绘画作品

涂色篇作品		诗词篇作品	
龙纹纹样	莲花纹样	悲伤诗词	开悟诗词
主题篇作品		手绘篇作品	
印象深刻梦主题	性格矛盾面主题	手绘一	手绘二

涂色篇第一幅选择了龙纹纹样的模板，选择的原因是觉得它融入了中国传统文化元素，而自己对传统文化元素感兴趣。之所以没有选择另外一幅龙纹纹样模板，是因为这幅龙的鼻息有喘气、叹气的感觉，让自己有共鸣。第二幅选择了莲

花纹样的模板，有多个方面的原因，一是浏览到 QQ 空间高中时的莲花池，有种奇妙的联系感；二是自己本身喜欢莲花这种象征；三是模板中中间莲花那种盛开的美感；四是整体感受有生命的迹象。第一幅作品命名为《龙迷雾中》，龙身上涂上了各种色彩，还额外添加了龙鳞，以及龙周围的云雾，被试自述想绘制出龙在雾中若隐若现的感觉。联想到的内容是"奇异魅惑的迷雾似乎把金龙迷住了；金龙似在喘息、怒吼，失去方向；祥云就在底下，但拨不开雾，看不见祥瑞之云"。而产生的新觉察是"周遭诱惑众多，尝试回归本心，找寻真正想做的事"。这幅作品描述了一种真我迷失的状态，被当下的迷雾覆盖而看不见，在喘息、在怒吼，试图突破迷雾，明晰方向。第二幅作品命名为《莲花池》，最初在配色时，被试希望可以遵循一些配色的规则，但又有被框住的感觉，意图做些突破，所以使用了一些黄色和黑色的组合。最开始是更多遵循配色的一些规则，到后面变得更加随性，随便拿起什么笔，进行涂色就完了。最后的感受也是觉得整体感觉还行，不好不坏。绘制完之后，产生了 4 点觉察：①中央是孕育生命的莲子，要好好呵护，守护自己的初心之种。②真的需要墨守成规吗？大胆点，乱写乱画，不要太顾忌色彩搭配规律，做自己想做的。③觉得自己还是不够强大，总想靠外物的力量，适当独立吧。④孤芳自赏不一定是好事，走出自己的世界。①里面将中心作为"初心之种"的认识跟学者认为的曼陀罗的中心更接近个体的自性相应和；②、③、④中有对自己后续行动方向的激励：大胆些、突破成规，适当独立，走出自己的世界。

诗词绘制篇中，被试选择了苏轼的"十年生死两茫茫，不自量，自难忘。千里孤坟，无处话凄凉"和布袋和尚的"手把青秧插满田，低头便见水中天。心地清净方为道，退步原来是向前"，也是一首悲伤诗词一首开悟诗词。被试讲述之所以选择苏轼的诗词，是因为诗词本身比较贴合他当时的情绪，"两茫茫""千里孤坟""无处话凄凉"特别符合他当下的状态。作品命名为《凄怆孤坟》，绘制作品的联想内容是"十年孤坟，孤苦寂寥，悲怆不已；外面都是动荡不安之地，何处话凄凉啊；我死后会不会也是纸钱都破了，都没有人来呀"。绘制后的感受是"莫名的共鸣感；有点想哭、悲伤"。产生的新觉察是：①立冬至，寒冬临，还好坟后是常青树，在万般苦寂中有些许安慰；②纵然无人，死后去绿水青山间消遣一番或许也是一种快乐；③画完了才发现，超我确实太强大，总想着活成别人想要的样子。从命名、联想内容、绘画感受等方面来看，整体是凄凉悲伤的，但在新觉察中，却特别关注到了坟后的"常青树""死后的绿水青山"，这些都是能带给人安慰和快乐的事物；另外，透过绘画还觉察到了自己超我的强大。作品的配色也是比较协调的，虽然表达的是悲伤的主题，但也使用了橙色、黄色、绿色、红色、紫色、蓝色、灰色和黑色等多种配色，画面并不阴郁。第二幅开悟诗词的选择也是因为自己当时在纠结一些事情，自己也反问自己纠结那么多干吗？第二天马上看了这篇诗词，觉得十分应和自己的心境。他给作品命名为《安居田园》，联想的内容是"青青稻苗，随风摇曳；田园休闲，避世不出；不卑，不强求，回归建设自己"。绘后感受是"神游幻境，心旷神怡；放下愤懑与纠结的舒畅"。产生的新觉察是：①"心地清静"告诉我要时刻保持清醒，知道自己想要什么，不要被外物混沌所蔽。"退步原来是向前"告诉我退一步，多一份接纳、坦然，或许又能收获很多。②尘世纵然喧嚣，但经历了、清醒了，不失为一番成长，虽然时常忧虑、恐惧、暴怒，晚上还有点抽搐，但是面对了，未尝不是好事。从作品绘制来看，飘着炊烟的房子后是几座山峰，黄粉相间的天空中挂着一轮红色落日和两个云朵，房子被栅栏和一条路环绕，外面的稻田，一个男人在田中后退着插秧。整幅画面给人一种祥和之感，比较需要关注的是环绕房屋的栅栏、小路，这些环绕可能象征了保护或限制。

　　主题绘制篇中被试选择了印象深刻的梦和性格矛盾面两个主题。被试选择绘制印象深刻的梦，是因为这个梦是连锁的，小学时候就做过类似的梦，这次是当天晚上做了这个梦。梦的画面给人冲击感很强，屋内地上的盆里是一颗人头，一屋一地的血，被风吹开的青蓝色窗帘后的窗外一个人正在探头向屋内看。这幅作品命名为《凶杀现场》，联想的内容是"小学时候，梦到开门看到一个带血的头颅盯着我，似乎这次又来了；这幅图的前场景是阳光午后，我打开一扇绿色的门，闻到血腥味"。绘后感受是"害怕、发冷、不舒服"，产生的新觉察是"时隔那么多年，这颗头颅又来找我了，是想告诉我什么呢？丧？殒？窗边似乎有个人影，他好像默默地注视着屋内的一举一动，他仿佛是掌控者"。这是一个重复出现的噩梦，但此时绘画者还无法解读梦向他传递的信息，这颗头颅是有思想的，它在传达着什么？在窗外默默关注屋内一举一动的人，为什么说他才是掌控者？还有右边那个上了锁但被打开的箱子意味着什么？这些信息在具体的干预工作中都是可以跟绘画者一起进行探查的。第二个性格矛盾面主题的选择，被试自述是因为本身平时就处于一种纠结矛盾的状态。这幅画叫《兵临城下》，城堡中的小兔子代表绘画者，城堡是父母给的，不太想出去，但是外面其实已经攻打进来了。绘制的画面中，在城堡的周围确实布满了弓箭、石头等进攻的武器，连绵远山的上面是"血月"，被试自述血月是很不吉利、不祥的征兆，而且外面的山是一重一重的，压力非常大。这些压力在现实之中主要来源于被试准备参加工作了，但自己仍跟小孩一样，没有具备相应的能力。产生的新觉察是"知道活在自己的美好世界中不好，但又很畏惧外面杂乱喧嚣的世界，会有些逃避吧；困在信息茧房里，可能真的需要一件特别大的事来让我一夜成长，但我不确定我能否扛过来"。这两个主题虽然不同，但都包含"杀戮"的要素，均反映了当事人内心的"恐惧"与"害怕"。伴随绘画，内心的感受会有轻微的消退。

两幅手绘曼陀罗，都充满了传统文化及宗教的意味。第一幅手绘作品的结构也近似莲花，且在手绘完后进行了涂色处理。作品命名为《佛之莲》，联想到的内容是"祥和的七彩光芒；莲花池里美艳的莲花；冬日里的太阳"。绘制完的感受是"平静中带点喜悦，也会带点落寞"。产生的新觉察是"想象很美好，可现实很残酷；悦纳自己，不苛责自己，很难吗？尽管说要正确对待外界评价，但不能让负面评价折磨自己呀"。手绘曼陀罗的中心是一朵盛开的莲花，外围环绕的橘黄色花瓣中绘有佛教的"卍"符号，往外延展是如同荷叶一样的圆圆的绿色底盘，最外围是近似三角形的花瓣，花瓣上绘有小小的多彩云朵。由作品联想到的内容是美丽、温暖的，但在新觉察中更多涉及了对苛责自己、外界评价折磨自己的反思。前者可同作品的丰富色彩、美艳的莲花（美丽、温暖）相关联，后者可从两层花瓣尖尖的角（苛责、折磨）相联系。第二幅手绘作品从圆的直径大小来看，几乎是所有手绘作品中最大的一幅。被试自述这幅作品会让他感受到神秘。他也对自己的这幅作品进行了介绍，从最外围到中心，依次是几何金器、水火交织、坚固之山（土）、生之绿叶（木）、五耀之星。几何金器多为黄色或橙色；水是蓝色，火为鲜红色；土是多种颜色，有黄色、绿色、蓝色；中间的星星是黑色。作品命名为《一二三四五，金木水火土》，联想到的内容是"自然五行，相生相克，环环相扣，生生不息；人类的某些作为正犯忌着这些规律；天道、王道，休养生息，和谐共生"。产生的新觉察是"暗土藏金，只有亲自下到基层，亲自实践，我们才能发现更多的有意义的事；命运流转，生生不息，不可能所有人都满意我，有惊惧、伤害我的人，我或许应当接纳，更坦然些吧"。整幅作品中的意象既相克相生，又和谐共存。手绘曼陀罗的中心是涂黑的五耀之星，星星的意象往往是黑夜中用来指引方向的，但涂成黑色的星星削弱了指引性的功能，可能同当事人内在的迷茫有关。另外，星星与最外围的几何金器是相呼应的，具有坚固的属性；树木生长在五色的肥沃土壤之上；热烈、鲜红的火焰同平静、蓝色的水纹交相辉映。所以这幅作品具有浓浓的中国文化意蕴，将对立中的平衡与和谐进行了充分表达。

在被试33的8幅作品中，卷云纹的意象出现了3次，分别出现在涂色篇、诗词绘制篇和手绘篇中。曼陀罗的中上部出现远山也有3次，分别是悲伤诗词篇、开悟诗词篇和性格矛盾面主题篇。虽然是同一意象，但传达的内在意义随出现情景而有所不同。第一幅涂色篇中的卷云纹是让金龙失去方向的迷雾，而开悟诗词篇中的卷云纹是日落西山前的轻松、灵动与惬意，手绘篇《佛之莲》中的卷云纹是平衡花瓣尖角的可爱意象。同样，远山的意象也是如此，悲伤诗词篇中的深蓝色远山是一种复合意象，既传达了与死亡相伴生的凄凉悲怆，也是死后可安葬于绿水青山而与之相伴的一种慰藉。而开悟诗词篇的房屋背后的绿色、蓝色、紫色的远山，则象征着一种避世田园的休闲。但性格矛盾面主题绘制篇中的连绵远山（多为蓝色和紫色），则象征着绘画者所感受到的重重压力。所以，虽然意象相同，但意义可能会随情境、颜色差异等而产生不同的解释。还有一个发现是，在被试的 5 幅作品中，都单独添加或绘制了小小的灰色、红色等曲线，比如涂色篇龙纹上专门添加了红色、灰色的曲线（龙鳞）；涂色篇莲花纹样的最中心的圆内添加了灰色弯曲曲线（莲蓬）；悲伤诗词篇坟墓后的经幡纸上绘制了灰色、黄色曲线；印象深刻梦主题的作品在箱子上方专门绘制了一小片灰色弯曲曲线；性格矛盾面主题作品中的左右攻击城堡的武器旁分别绘制了散落其中的灰色曲线。有些曲线的象征意义是清晰的，比如龙鳞或莲花的莲蓬，但其他 3 处可能更多传达了绘画者潜意识层面的信息，需要咨询师帮助探索才能得以更清晰地揭示。

最后，从这一系列作品中可以大致推断，绘画者应遭遇过创伤（记忆深刻梦主题和性格矛盾面主题作品），也面临着如何处理外界评价的内心冲突（涂色篇第二幅、悲伤诗词篇、二幅手绘篇），同时存在一定的迷茫也意欲突破当下的迷雾（涂色篇第一幅），但受创伤事件影响，内心对走出去迎接挑战存在着害怕和恐惧。但作品中龙的纹样象征被试内在具有强大的能量、兵临城下的坚固城堡也意味着能够对其起到一定的保护作用，还有莲花意象、佛教元素、五行中的金木水火土意象的使用，也在一定程度上可平衡、稳定当事人的内心，用于对抗内在的恐惧和冲突，恢复安全感和稳定性。

参考文献

阿比盖尔·蒂姆·劳伦斯，安德烈斯·迪茨－查韦斯，2016．窥见内心：心理学家的曼陀罗［M］．袁小茶，译．南宁：广西科学技术出版社．

阿伦·贝克，布拉德·奥尔福德，2022．抑郁症（原书第2版）（第1版）［M］．北京：机械工业出版社．

常如瑜，2018．通往佛陀的自性之路——荣格视角下的佛教生态思想探析［J］．中州大学学报，35（2）：35，13－17，95．

陈灿锐，高艳红，2014a．心灵之镜：曼陀罗绘画疗法［M］．广州：暨南大学出版社．

陈灿锐，高艳红，2014b．心灵之路：曼陀罗成长自愈绘本［M］．广州：暨南大学出版社．

陈灿锐，高艳红，2014c．曼陀罗绘画对自我和谐的评估与干预［J］．教育导刊，（1）：35－38．

陈灿锐，黄嘉健，尚鹤睿，2016．自性动力对老年人心理健康的影响［J］．国际精神病学杂志，（43）：601－604．

陈非，蒋国庆，谭小林，等，2018．双相情感障碍住院患者色彩偏好实验研究［J］．遵义医学院学报，（41）：67－71．

陈静，2015．哀伤还是抑郁——解读弗洛伊德的《哀伤与抑郁》［J］．医学与哲学（A），（36）：38－41．

陈侃，徐光兴，2008．抑郁倾向的绘画诊断研究［J］．心理科学，31（3）：722－724．

戴红，许少芳，宋宝华，等，2015．重性抑郁障碍和广泛性焦虑障碍患者的色彩偏好及其对两者情绪水平的预测［J］．中山大学学报（医学科学版），（36）：427－431．

戴维·H·罗森，2015．转化抑郁：用创造力治愈心灵［M］．北京：中国人民大学出版社．

高艳红，范秀莹，2017．曼陀罗绘画对流浪儿童情感平衡能力的评估［J］．教育现代化，（4）：138－139．

格桑益希康，2004．藏传佛教密宗蔓荼罗艺术探秘［J］．宗教学研究，
（2）：125－135．

韩含，2022．抑郁倾向个体情绪性信息的工作记忆加工机制及干预研究
［D］．济南：山东师范大学．

胡鑫玲，2020．自助式正念干预对妇科癌症化疗患者焦虑、抑郁的影响研究
［D］．南昌：南昌大学．

黄清穗，2021．中国经典纹样图鉴［M］．北京：人民邮电出版社．

江光荣，夏勉，2006．心理求助行为：研究现状及阶段—决策模型［J］．心
理科学进展，（6）：888－894．

克莱尔·古德温，2015．遇见莲花［M］．北京：北京联合出版公司．

李凤兰，周春晓，董虹媛，2016．面临心理问题的大学生的心理求助行为研
究［J］．国家教育行政学院学报，（6）：72－79．

李林仙，黄希庭，1995．试论反应性抑郁形成的心理过程［J］．应用心理
学，（2）：56－63．

李耀丽，陈鸿里，马龙，等，2017．曼陀罗绘画心理疗法对晚期癌症患者的
心理干预［J］．青海医药杂志，（47）：33－35．

梁姗，吴晓丽，胡旭，等，2018．抑郁症研究的发展和趋势——从菌—肠—
脑轴看抑郁症［J］．科学通报，（20）：2010－2025．

林雅芳，张日昇，2021．抑郁倾向大学生的箱庭作品特征研究［J］．中国临
床心理学杂志，（1）：205－208．

鲁珊，2010．坛城：人与世界和谐的心理原型［J］．文艺争鸣，（20）：51－54．

玛丽·简·塔基，简·斯科特，2021．牛津通识读本：抑郁症（中文版）
（第1版）［M］．南京：译林出版社．

玛莎·巴特菲德，2020．神奇的曼陀罗［M］．北京：北京联合出版公司．

梅兰，邱丽华，2018．抑郁症性别差异的影像学研究进展［J］．磁共振成
像，（11）：853－856．

孟沛欣，2004．精神分裂症患者绘画艺术评定与绘画艺术治疗干预［D］．
北京：北京师范大学．

莫阿卡宁·拉，1994．荣格心理学与西藏佛教［M］．北京：商务印书馆．

莫子晴，蔡皓，段煜，等，2020．肠道菌群和中药及二者结合在抗抑郁领域
的研究进展［J］．中国药房，（23）：2918－2923．

乔纳森·罗森伯格，2017．深渊——抑郁流行的进化根源［M］．北京：知
识产权出版社．

冉曼利，谭小林，蒋国庆，等，2018．住院抑郁症患者色彩偏好研究［J］．

国际精神病学杂志，（3）：472－475.

荣格，1988. 回忆·梦·思考［M］. 沈阳：辽宁人民出版社.

荣格，2016. 红书［M］. 索努·沙姆达萨尼，编译. 北京：机械工业出版社.

宋爽，2015. 论现代绘画色彩的表现形式［J］. 美术教育研究，（4）：54.

苏珊·芬彻，1998. 曼陀罗的创造天地：绘画治疗与自我探索［M］. 台北：生命潜能文化事业有限公司.

孙亚清，曹颖姝，陈平雁，2016. 样本量估计及其在 nQuery＋nTerim 和 SAS 软件上的实现群随机试验（一）［J］. 中国卫生统计，33（2）：343－344，349.

谭曦，张靖，杨秋莉，等，2013. 阈下抑郁的中医心理干预及其作用机制研究［J］. 中国全科医学，（22）：2649－2651.

陶钧，郑亚楠，唐宏，2017. 大学生精神卫生知识知晓、对精神障碍患者歧视状况对专业性心理求助态度影响的调查分析［J］. 现代预防医学，（3）：474－477.

瓦伦汀娜·哈珀，2016. 瓦伦汀娜的曼陀罗幻境［M］. 高银燕，译. 郑州：河南科学技术出版社.

王琛，2019. 颜色对抑郁易感大学生阈下情绪启动效应的影响［D］. 乌鲁木齐：新疆师范大学.

王国才，潘立民，杨海波，2018. 基于中医魂魄理论探讨抑郁障碍的发病机制［J］. 中医杂志，（1）：85－87.

王杰，2020. 自助式正念干预对胃癌手术患者生活质量的影响研究［D］. 济南：山东大学.

王蜜源，韩芳芳，刘佳，等，2020. 大学生抑郁症状检出率及相关因素的 meta 分析［J］. 中国心理卫生杂志，（12）：1041－1047.

王熙，陈尚徽，高红琼，等，2016. 青春期抑郁症性别差异的可能脑机制［J］. 中国妇幼保健，（4）：897－898.

吴才智，江光荣，段文婷，2018. 我国大学生自杀现状与对策研究［J］. 黑龙江高教研究，（5）：95－99.

肖莹，2013. 睡眠障碍［M］. 北京：中国医药科技出版社.

心印麦田，2016. 曼陀罗的秘密：都市身心灵疗愈之旅［M］. 北京：台海出版社.

许鹏，章程鹏，周童，等，2021. 中医药改善抑郁症发病机制的研究进展［J］. 中国实验方剂学杂志，（9）：244－250.

严虎，陈晋东，2012. 画树测验在一组青少年抑郁症患者中的应用［J］. 中国临床心理学杂志，（2）：185－187.

杨振斌，李焰，2015．大学生非正常死亡现象的分析［J］．心理与行为研究，（5）：698－701．

意娜，2015．藏密坛城（曼荼罗）的文化符号意义——藏密曼荼罗系列论文之三［J］．阅江学刊，（7）：127－134．

张帆，2019．非人间、曼陀罗与我圣朝：18世纪五台山的多重空间想象和身份表达［J］．社会，（39）：149－186．

赵参参，张萍，张文海，等，2017．青少年抑郁及其自动情绪调节的研究概述［J］．心理科学，（40）：415－420．

郑荣双，车文博，2008．荣格心理学的东方文化意蕴［J］．心理科学，236－238．

周婉宁，2014．房树人临床评估体系的构建及应用研究［D］．杭州：浙江理工大学．

Abramson L Y, Seligman M E, Teasdale J D, 1978. Learned helplessness in humans: Critique and reformulation. J Abnorm Psychol, (87): 49 - 74.

Aizawa E, Tsuji H, Asahara T, et al., 2016. Possible association of Bifidobacterium and Lactobacillus in the gut microbiota of patients with major depressive disorder. Journal of Affective Disorders, (5): 254 - 257.

Bibring E, 1953. The mechanism odepression [EB/OL]. http://www. researchgate. net/publication/284300384.

Chen H, Liu C, Chiou W K, et al., 2019. How Flow and Mindfulness Interact with Each Other in Different Types of Mandala Coloring Activities? [EB/OL]. https://doi. org/10. 1007/978 - 3 - 030 - 22577 - 3_34.

Cuijpers P, Andersson G, Donker T, et al., 2011. Psychological treatment of depression: Results of a series of meta - analyses [J]. Nordic Journal of Psychiatry, (65): 354.

Deborah Elkis-Abuhoff, Morgan Gaydos, Robert Goldblatt, et al., 2009. Mandala drawings as an assessment tool for women with breast cancer [EB/OL]. ARTS IN PSYCHOTHERAPY. http://www. ingentaconnect. com/content/el/01974556/2009/00000036/00000004/art00009.

Deng X, Mu T, Wang Y, et al., 2022. The Application of Human Figure Drawing as a Supplementary Tool for Depression Screening [J]. Frontiers in Psychology, (13): 865206.

Eytan L, Elkis-Abuhoff D L, 2013. Indicators of depression and self-efficacy in the PPAT drawings of normative adults [J]. The Arts in Psychotherapy, (40): 291 -297.

Fincher S F, 2010. Creating mandalas for insight, healing, and self-expression [M]. Boston, MA: Shambhala Publications.

Forgas J P, 2013. Don't Worry, Be Sad! On the Cognitive, Motivational, and Interpersonal Benefits of Negative Mood [J]. Current Directions in Psychological Science, (22): 225 – 232.

Franco L S, Shanahan D F, Fuller R. A, 2017. A Review of the Benefits of Nature Experiences: More Than Meets the Eye [J]. International Journal of Environmental Research & Public Health, (14): 864.

Gianluca S, 2012. Neuroplasticity and major depression, the role of modern antidepressant drugs [J]. World journal of psychiatry, (2): 49 – 57.

Guha M, 2015. Mental Health in the Digital Age: Grave Dangers, Great Promise. Journal of mental health, 23 (6): 708 – 709.

Gulliver A, Christensen G H, 2010. Perceived barriers and facilitators to mental health help-seeking in young people: A systematic review [EB/OL]. BMC Psychiatry. https://doi.org/10.1186/1471 – 244x – 10 – 113.

Guo Q, Yu G, Wang J, et al., 2022. Characteristics of House-Tree-Person Drawing Test in Junior High School Students with Depressive Symptoms. Clinical Child Psychology and Psychiatry, https://doi.org/10.1177/13591045221129706.

Hamon M, Blier P, 2013. Monoamine neurocircuitry in depression and strategies for new treatments [J]. Progress in Neuro-Psychopharmacology and Biological Psychiatry, (45): 54 – 63.

Henderson P, Rosen D, Mascaro N, 2007. Empirical study on the healing nature of mandalas [J]. Psychology of Aesthetics, Creativity, and the Arts, (1): 148 – 154.

Holmes S E, Hinz R, Conen S, et al., 2018. Elevated Translocator Protein in Anterior Cingulate in Major Depression and a Role for Inflammation in Suicidal Thinking: A Positron Emission Tomography Study [EB/OL]. Biol Psychiatry. https://doi.org/10.1016/J. BIOPSYCH. 2017. 08. 005.

Huyser A, 2002. Mandala workbook for inner self-discovery [M]. Boston: Binkey Kok Publications.

Ibrahim A K, Kelly S J, Adams C E, et al., 2013. A systematic review of studies of depression prevalence in university students [J]. Journal of Psychiatric Research, (47): 391 – 400.

Jung C G, 1950. Concerning Mandala symbolism [M]. Princeton, NJ:

Princeton University Press.

Kellogg J, 1984. Mandala：Path of beauty ［M］. Belle Air, FL：ATMA.

Kim J, Chung S, 2021. Drawing Test Form for Depression：The Development of Drawing Tests for Predicting Depression Among Breast Cancer Patients ［J］. Psychiatry Investigation, (18)：879 – 888.

Kim S I, Atr-Bc D J B, Kim H M, et al. , 2009. Statistical models to estimate level of psychological disorder based on a computer rating system：An application to dementia using structured mandala drawings ［J］. Arts in Psychotherapy, (36)：214 – 221.

Kvillemo P, Brandberg Y, Brnstrm R, 2016. Feasibility and Outcomes of an Internet-Based Mindfulness Training Program：A Pilot Randomized Controlled Trial ［EB/OL］. JMIR Mental Health, 3. https：//doi. org/10. 2196/mental. 5457.

Leidy D P, Thurman R, 1997. Mandala：the architecture of enlightenment. Mandala the Architecture of Enlightenment ［EB/OL］. http：//connection. ebscohost. com/c/articles/9508210421/mandala – architecture – enlightenment.

Lener M S, Niciu M J, Ballard E D, et al. , 2017. Glutamate and Gamma-Aminobutyric Acid Systems in the Pathophysiology of Major Depression and Antidepressant Response to Ketamine ［J］. Biological Psychiatry, (81)：886 – 897.

Leonard B E, 2018. Inflammation and depression：A causal or coincidental link to the pathophysiology? ［M］. Cambridge University Press. https：//doi. org/10. 1017/NEU. 2016. 69.

Liu B, Liu J, Wang M, et al. , 2017. From Serotonin to Neuroplasticity：Evolvement of Theories for Major Depressive Disorder ［J］. Frontiers in Cellular Neuroscience, (11)：305.

Liu Y, Zhang L, Wang X, et al. , 2016. Similar Fecal Microbiota Signatures in Patients With Diarrhea-Predominant Irritable Bowel Syndrome and Patients With Depression ［J］. Clin Gastroenterol Hepatol, 1602 – 1611.

Maes M, 1995. Evidence for an immune response in major depression：A review and hypothesis ［J］. Progress in Neuro-Psychopharmacology and Biological Psychiatry, (19)：11 – 38.

Maes M, 2005. Cytokines in major depression ［J］. Progress in Neuro-Psychopharmacology & Biological Psychiatry：An International Research, Review and News Journal, 29.

Marcia K, 2003. The Art of Healing：Painting for the Sick and the Sinner in a

Medieval Town ［M］. University Park：Penn State Press.

Murayama N, Endo T, Inaki K, et al., 2016. Characteristics of depression in community-dwelling elderly people as indicated by the tree-drawing test：Depression in elderly indicated by TDT ［J］. Psychogeriatrics, （16）：225 – 232.

Pisarik C T, Larson K R, 2011. Facilitating College Students' Authenticity and Psychological Well-Being Through the Use of Mandalas：An Empirical Study ［J］. Journal of Humanistic Counseling, （50）：84 – 98.

Pyszczynski T, Greenberg J, 1987. Self-regulatory perseveration and the depressive self-focusing style：A self-awareness theory of reactive depression ［J］. Psychological Bulletin, （102）：122 – 138.

Rado S, 1928. The problem of melancholia ［J］. The International Journal of Psychoanalysis, （9）：420 – 438.

Santomauro D F, Herrera A M M, Shadid J, et al., 2021. Global prevalence and burden of depressive and anxiety disorders in 204 countries and territories in 2020 due to the COVID – 19 pandemic ［J］. The Lancet, 398 （10312）：1700 – 1712.

Seligman M E P, 1975. Helplessness：On depression, development, and death ［EB/OL］. W. H. Freeman, trade distributor, Scribner. http://www. scienceopen. com/document?vid = 3b4efd8e – 915b – 4cfa – b66e – ad69c0bc9cea.

Smith J, Newby J M, Burston N, et al., 2017. Help from home for depression：A randomised controlled trial comparing internet-delivered cognitive behaviour therapy with bibliotherapy for depression ［EB/OL］. Internet Interventions. https://doi. org/10. 1016/j. invent. 2017. 05. 001.

Tillmann S, Abildgaard A, Winther G, et al., 2018. Altered fecal microbiota composition in the Flinders sensitive line rat model of depression ［EB/OL］. Psychopharmacology. https://doi. org/10. 1007/s00213 – 018 – 5094 – 2.

Wang X, Wang D, 2015. Hypothalamic Abnormalities and Major Depressive Disorder ［J］. Advances in Psychological Science, （23）：1763.

Wright J H, Wright A S, Salmon P, et al., 2002. Development and initial testing of a multimedia program for computer-assisted cognitive therapy ［J］. American Journal of Psychotherapy, （56）：76 – 86.

Yang G, Zhao L, Sheng L, 2019. Association of Synthetic House-Tree-Person Drawing Test and Depression in Cancer Patients ［J］. BioMed Research International, 1 – 8.

后　记

2002 年进入南开大学读研究生时，我修读了周一骑老师的《中国文化与心理学》课程。在课程中，周老师将中国传统文化中的心性修养之学与西方心理咨询、心理治疗的经典流派进行了梳理与对话。也是从那个时候开始我接触到荣格的心理学思想，并把南大书店中所有能找到的相关书籍悉数购买。与荣格的神遇过程自此开启。在阅读荣格自传时，我了解到荣格在处理与弗洛伊德的分离之殇时，绘制了大量曼陀罗图案，用于缓解当时所遭受的诸多幻觉和情感冲击。可以说，我与荣格、与曼陀罗绘画的缘分种子在二十年前已深埋。

2010 年，工作几年之后我选择去华中师范大学攻读江光荣老师的博士研究生。跨专业过来的自己在面对毕业论文选题与研究、学术论文发表等相关学术任务时，体验着深深的焦虑，也曾一度陷入抑郁。偶然地，一个温暖的午后，工作室中一次随手涂鸦，当画面完成时，困扰主题及化解之道在其中一并浮现，完全没有绘画艺术细胞的我在那一刻体验到了绘画艺术的力量。

2010 年到 2019 年的 10 年间，我五次去西藏，八次进藏区，一而再再而三的进藏经历，虽说不清为什么，但一定有触及内心灵魂事物的牵引。雪山、圣湖、蓝天、白云、经幡、寺庙、白塔、唐卡、坛城，雪山前手摇转经筒的老人，桑耶寺树荫下打坐的僧侣，无不叩击心灵。后来才了解，佛教徒是以曼陀罗花为原型构建了佛教的坛城，也用其象征佛陀净土的神圣庄严。在梵语中，曼陀（manda）具有"本质"的意思，罗（la）具有"成就"的意思，合起来就是"本质成就"，在佛教中就是"明心见性"之意。

曼陀罗的种子在内心破土、发芽。

2020 年之后，我开始关注曼陀罗绘画的相关研究，并指导学生从此领域进行选题；2021 年，尝试以曼陀罗绘画自助干预大学生抑郁为选题，进行科研课题的申报，有幸获批教育部重点课题。我和我的研究生团队，在这三年间开展了一系列的曼陀罗绘画的相关研究，从干预效果、干预形式、作用机制等进行了多种角度的探讨。

本书的成形，同这些研究生的努力是分不开的，他们包括黎哲、李政青、谢金芳、刘子烨、符越、邓雯文、夏超、黄伊夫、杜依诺、颜群、唐厚恩、李飞铭等。邓雯文在绘本开发和干预研究方面、李飞铭在研究的组织协调及绘本的完善方面，做出了诸多投入与贡献。感谢这些可爱的学生们！

同时，也感谢那些信任并愿意参与研究的被试们，他们为课题留下了宝贵的数据、作品以及对绘本继续完善的想法和意见！

最后，本书的出版得到了南宁师范大学教育科学学院和广西高校人文社科重点研究基地——广西教育现代化与质量监测研究中心的支持，并得到教育学一流学科建设经费的慷慨资助，在此一并致以真诚的感谢！

鲁艳桦
2023 年 12 月于南宁